理想·宅 编

装修材料随身查

化学工业出版社

·北京·

内容简介

本书以图文结合的形式，对室内经常用到的装饰材料分章节进行介绍，包括各料的基本特征，如何进行设计、施工、验收等。无论是刚入行的设计师，还是已有一定经验基础的室内设计师，都可以通过本书迅速掌握室内装修材料知识。

图书在版编目（CIP）数据

装修材料随身查/理想・宅编. —北京：化学工业出版社，2021.4（2023.8 重印）

ISBN 978-7-122-38557-4

Ⅰ. ①装… Ⅱ. ①理… Ⅲ. ①建筑材料-装饰材料-基本知识 Ⅳ. ①TU56

中国版本图书馆CIP数据核字（2021）第029898号

责任编辑：王　斌　毕小山　　　装帧设计：刘丽华
责任校对：刘　颖

出版发行：化学工业出版社（北京市东城区青年湖南街13号　邮政编码100011）
印　　装：北京科印技术咨询服务有限公司数码印刷分部
710mm×1000mm　1/32　印张9　字数200千字　2023年8月北京第1版第4次印刷

购书咨询：010-64518888　　　售后服务：010-64518899
网　　址：http://www.cip.com.cn
凡购买本书，如有缺损质量问题，本社销售中心负责调换。

定　　价：45.00元

前言

选材是室内装修中非常重要的一个环节。材料选用的正确与否，不仅关系到最终的装修效果，而且还是影响装修成本的一个重要因素。作为一名设计师，无论是传统材料还是新型材料，掌握它们的基础知识以及设计和运用方法，是必备的专业技能之一。

本书由“理想·宅”（Ideal Home）倾力打造，作为一本实用性强的建材百科全书，顺应市场需求，建立了一套完整的建材知识系统。本书内容全面，将常见的材料分成九个类别，分别是砖石材料、板材材料、涂饰材料、装饰玻璃、裱糊材料、地面材料、顶面材料、门窗材料和厨卫材料，针对每种材料的特性、常见分类、质量鉴别、设计及施工技巧等进行了全面的介绍，详细讲解了各项不可不知的建材基础知识，为读者展示多维度的材料运用技巧。

目 录

CONTENTS

第1章 砖石材料

第4章 装饰玻璃

第5章 裱糊材料

第6章　地面材料

第7章 顶面材料

第8章 门窗材料

第9章 厨卫材料

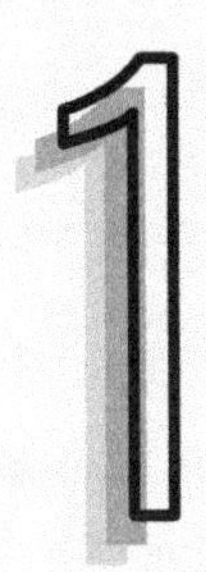

第 1 章 砖石材料

石材具有丰富的纹理变化和华丽的颜色。在现代建筑中，石材和砖材一样，更多地作为饰面材料使用。砖材是室内使用频率很高的一种装饰建材，种类丰富。装饰市场中最多的产品是墙地砖，虽然名字为墙地砖，但却可以将其用在柱子、台面、垭口等部位。

1.1 大理石

材料特点

优点：纹路多变，质感高贵

缺点：污渍难以清理，不易保养

适用范围：客厅、餐厅

适用风格：古典风格、奢华风格

挑选技巧

◎ 依空间挑选。大理石较易吸水，因此厨房等容易产生脏污的区域就不适合选用大理石。

◎ 看纹路颗粒。纹路颗粒越细，品质越好。

◎ 听声音。用硬币敲石材，声音清脆代表硬度高、抗磨性好。

保养窍门

大理石的吸水率较高，最好先用扫把把灰尘清理干净，再用半干拖把擦拭。这样可以避免灰尘细沙刮伤表面。

1.1.1 设计搭配

（1）除了可同色铺设外，还可采用拼色、拼花的铺贴方式来增强华丽感。

（2）大理石虽然华丽但触感冰冷，可多搭配一些暖色系的家具及软装饰来平衡。

1.1.2 施工方式

墙面干挂法

墙面施工使用干挂法较多，有安装稳固、不返碱等优点，但占用空间多，造价高，适合安装大板块或施工面积大的情况。

预埋钢板
镀锌角钢（主龙骨）
干挂件（螺栓、栓母）
镀锌角钢（次龙骨）
大理石板

地面干铺法

地面施工更建议采用干铺法，虽然厚度大、成本高，但不易变形、不易空鼓，特别适合用来铺贴大板块。

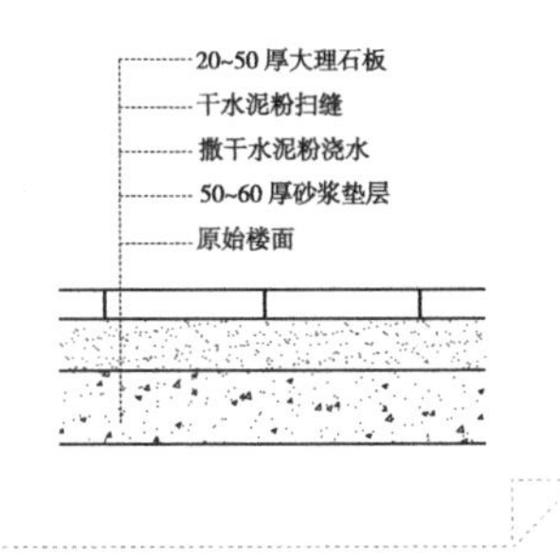

1.1.3 常见问题

问题	相邻板块色差大	石材表面污染	板缝高低不平
原因	一是选料不精细，二是未预排	防护不到位或施工保护不到位	嵌缝操作不当
预防措施	从荒料开始就选择色泽一致的原料，根据安装顺序进行编码加工；按照设计图纸进行预排，进一步调整效果	施工前应对石材进行六面防护，并且必须在无尘清洁的环境中进行；施工中应注意避免污染石材	灌缝时注意其高度宜与石板面齐平，且需严密、平整。当板缝潮湿时，不得进行密封胶灌缝施工

1.2 花岗岩

材料特点

优点：质地坚硬，取材容易，价格相对便宜

缺点：花色变化较单调

适用范围：厨房、卫浴间、阳台

适用风格：古典风格、乡村风格

挑选技巧

◎ 看外观。将石材对着光线观察，若存在有规则的条痕，则表明质量不佳。

◎ 用火烧。用火柴对石材表面进行烘烤，如有蜡油产生，则不建议使用。

保养窍门

选择专用的清洁剂时，务必选择中性的清洁剂，避免强酸、强碱腐蚀表面造成破损。

1.2.1 设计搭配

与大理石相比，花岗岩耐划性更好，并且耐高温，很适合作为橱柜台面使用。而与人造石相比，花岗岩的纹理更自然、更多样，与实木等高档橱柜组合，更具品质感。

1.2.2 施工方式

墙面干贴法

花岗岩墙面干挂法施工可参考大理石部分的内容。除了干挂法外，小块面的石材也常采用干贴法施工。

胶黏剂层
建筑墙面
花岗岩饰面层
胶合板（基层衬板）
木线条

地面干铺法

花岗岩用作地面装饰材料时，多与大理石、地砖等组合做拼花设计，或者作为过门石与地板、地砖等组合施工。

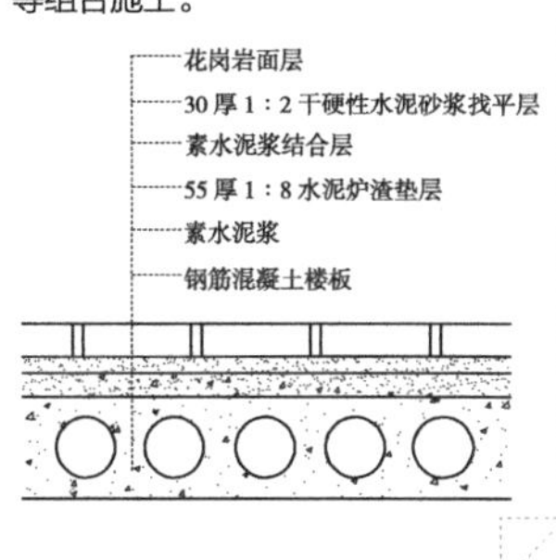

1.2.3 常见问题

问题	花岗岩返碱	空鼓率高	石板缺边角
原因	砂浆中的氢氧化钙随水分进入了石材毛细管后，传到另一面就会返碱	基层不整洁；找平层砂浆比例不合适；板材背面有浮灰或板材未浸水	石板质量差、包装不规范或搬运时磕碰
预防措施	铺装前花岗岩需做六面防护，且防护液的质量要过关；防护前要保持干净、干燥；防护后要抽样浇水检查	清理基层时应认真、仔细；找平层砂浆应按要求配比；铺贴前将石板背面清理干净，并刷水浸湿	要求石材厂家提供的石材厚度要达标，规范厂家的包装标准，入场前对石板的质量进行严格验收

1.3 石灰石

材料特点

优点：效果质朴，质地坚硬

缺点：易吸油烟，容易被刮伤

适用范围：客厅、餐厅、卫浴间

适用风格：美式风格、乡村风格

保养窍门

日常养护中要使用中性的清洗剂定期清洗，不能长时间接触水油等液体。一般除了用渗透性的防护剂进行养护外，还要加上一层保护膜，或者用抛光材料进行抛光处理。

1.3.1 设计搭配

石灰石很难磨出光面，大部分应用为亚光面（与花岗岩相反）。

石灰石材质较软，加工性能优良，在墙面上做装饰能够将细节处理到位

1.3.2 施工方式

墙面干挂法

干挂石材施工一般情况下主龙骨为竖向龙骨，间距在 800~1200mm，横向龙骨间距与石材宽度相同。

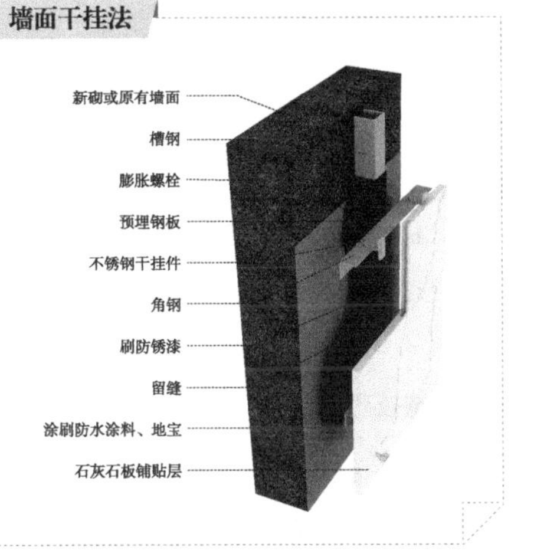

地面铺贴法

地面铺贴采用干铺法，不容易变形、空鼓。

20~50 厚石灰石板

干水泥粉扫缝

10~15 厚水泥砂浆粘贴层

20~30 厚水泥砂浆或细混凝土找平

原始楼面

1.4 火山岩

材料特点

优点：具有吸声功能的天然材料

缺点：材料珍贵，价格相对较高

适用范围：内外墙装饰、地面装饰

适用风格：古典风格、中式风格、美式风格

挑选技巧

◎ 看颜色。火山岩制成的板材，颜色主要为灰黑色和深红色。

◎ 依空间选。如果想要有较好的隔声效果，想改善听觉环境，可以选择火山岩。

1.4.1 设计搭配

（1）火山岩因其独特的性质和质感，可用于室外景观等装饰，施工简单、装饰效果好。

（2）火山岩也广泛应用于传统中式建筑中，比如室内文化墙、镂空围墙。

火山岩文化背景墙适合传统中式的情景营造

1.4.2 施工须知

（1）无论火山岩作何用途，施工中都应尽量使用高标号水泥，同时在水泥砂浆中添加一些和火山岩颜色相近的色浆，以减少材料表面的泛霜程度。

（2）冬季施工中尽量不使用化学防冻剂，以减少砖块的霜化程度。

1.4.3 常见问题

问题	干挂时出现裂纹	骨架偏差	骨架连接不牢
原因	板材厚度过小，质地不够紧密	放线、定位不准确，就会造成骨架安装偏差	主要是由施工人员操作不规范引起的
预防措施	作为墙面干挂使用时，厚度不宜小于30mm	放线前应对建筑结构的轴线、标高进行复核，用水平仪检测误差后再放线	加强操作人员的质量意识，严格控制焊缝长度和高度，做好防腐处理

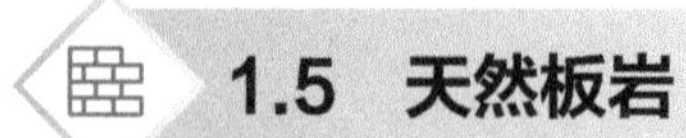

1.5 天然板岩

材料特点

优点：不易风化，耐火耐寒

缺点：每片厚度不同，较难清理

适用范围：客厅、餐厅、书房、卫浴间、阳台

适用风格：美式风格、中式风格

挑选技巧

◎ 依空间挑选。适合铺在卫浴间的地面、墙面，防滑又吸水，但不适合铺在厨房，容易吸油烟。

◎ 考虑使用者特点。由于天然板岩的厚度不同，铺设后较不平整，因此家里若有老人、小孩，则不建议将其铺设在地面上。

保养窍门

施工过程中，如有污损，建议立即使用水性或中性清洁剂刷净，去除石材表面及施工面上的污物、油脂及杂物。

1.5.1 设计搭配

（1）在设计天然板岩时，可以随意组合，它丰富的色彩变化最终总能获得协调的图案。

（2）若想要达到个性化效果，可以将天然板岩与不锈钢条组合。

1.5.2 施工方式

胶粘法

天然板岩在室内很适合用来制作背景墙，用天然板岩专用的黏着剂或 AB 胶等胶黏剂来施工，可增加天然板岩与基面的附着力。

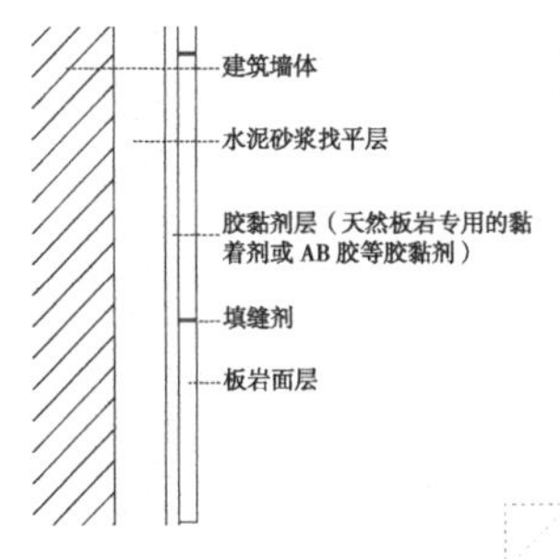

砂浆黏结法

当基面为混凝土时，板岩多使用浓稠度适中的灰浆作为黏着材料。

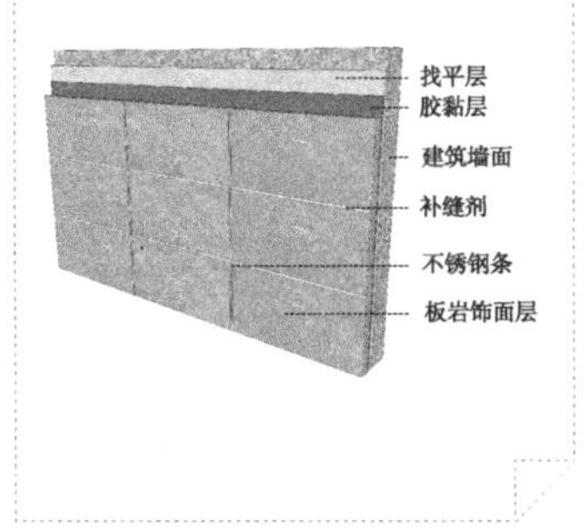

1.5.3 常见问题

问题	石材缺边角	石材面层褪色
原因	石材质量差、包装不规范或搬运时磕碰	主要原因是石材本身的质量不佳
预防措施	要求石材厂家提供的石材厚度达标，规范厂家的包装标准，入场前对石材的质量进行严格验收	按照设计要求，对石材的采购严格把关，以确保石材质量；到场后，还应对其进行复检

1.6 洞石

材料特点

优点：表面富有孔洞，纹理特殊　适用范围：客厅、餐厅、书房、卧室
缺点：易碎、耐候性差　适用风格：各种风格均适合

挑选技巧

◎ 看品牌。选择知名品牌商家的产品；另外也可以从产地判断，如从欧洲国家进口的洞石，质量相对较好。

保养窍门

天然洞石具有毛细孔，因此应避开较潮湿的区域，用半干抹布清理即可。人造洞石可用清水擦拭，避免使用强酸、强碱。

1.6.1 设计搭配

（1）洞石可依据尺寸进行切割，铺贴方式可对纹也可不对纹理，还可进行不规则交错拼贴。

（2）如果洞石的颜色与其他部位或家具的色彩不搭配，则可重新上漆处理，达到统一效果。

1.6.2 施工方式

干挂法

一般适用于外墙或者空间较大的室内。占据空间大、成本高。

湿贴法

主要用于各种建筑物的内部装饰，黏结强度不好掌握，容易空鼓。

1.6.3 常见问题

问题	复合层黏手	贴好的石片脱落	墙面受污染
原因	胶的质量不好或品种不对	墙面没有做粗糙处理或施工墙体过干	填缝后没有及时清理或受其他工种污染所致
预防措施	使用前要先咨询厂家，确保固化剂和促进剂的配比合理	墙面需做粗糙处理后再开始施工；过干的墙面施工前一天需用水湿润施工表面，第二天施工前再次喷洒	可用棉丝蘸稀盐酸加 20% 水刷洗，再用自来水冲净

1.7 玉石

材料特点

优点：质感温润，纹理具有独特性和多变性

缺点：产量有限，价格昂贵

适用范围：装饰背景墙、地面、洗手台、台面

适用风格：古典风格、奢华风格

挑选技巧

◎ 依空间挑选。适合铺在卫浴间的地面、墙面，防滑又吸水，但不适合铺在厨房，容易吸油烟。

◎ 考虑使用者特点。因为厚度不同，铺设后较不平整，家里若有老人小孩，则不建议铺设在地上。

保养窍门

在施工过程中，如有污损，建议立即使用水性或中性清洁剂刷净，去除石材表面及施工面上的污物、油脂及杂物。

1.7.1 设计搭配

用玉石做装饰材料时，要考虑到其透光性，在自然光和背景光的不同作用下，会产生不同的装饰效果。

1.7.2 施工须知

（1）对于厚重的玉石，需要使用钢龙骨来降低石板对墙面的影响，并提高整体的抗震性能。

（2）安装玉石的具体方法是在每一块石材四个角的上下方切口，在切口中注入云石胶，然后把连接件的上下卡片插入切口中固定。

1.7.3 常见问题

问题	石板高差过大	开灯后石板内有阴影	石板出现变形
原因	相邻玉石板之间的高差超出标准，是由于垂直线和水平线有偏差所致	背后安装灯光的玉石板，有时开灯后会有阴影，原因是钢骨架位置规划得不正确	玉石板的厚度较薄，悬挂后仅四角受力，逐渐扭曲，导致其发生了变形
预防措施	定位的垂直度和标高须准确；参考的垂直线和水平线须准确；面板暂时固定后，调整水平、垂直再固定	若安装灯光，需注意板材仅能在上、下方向固定，中间不能安装骨架	当玉石板的规格大于800mm×800mm时，需让加工厂将石板在常规尺寸的基础上加厚25~30mm，即可避免变形

1.8 文化石

材料特点

优点：施工方便，不易黏附灰尘
缺点：吸水吃色，效果不及原石自然
适用范围：客厅、餐厅
适用风格：现代风格、乡村风格

挑选技巧

◎ 用手摸。用手摸样品表面，质量好的文化石有丝绸感，无明显高低不平感。
◎ 摔落测试。往地上摔，质量好的文化石不会碎成很多小块。
◎ 用火烧。火烧样品，质量好的文化石离火自熄。

保养窍门

文化石一般不需要特别的清洁剂，用清水湿布擦拭即可。如果用于户外就需要上保护漆，以避免下雨积水、卡脏污。

1.8.1 设计搭配

（1）自然风格适合红色系或黄色系的木纹石、乱片石、层岩石、鹅卵石等。现代风格适合灰、白等中性色的层岩石或仿砖石。

（2）文化石更适合作为重点装饰在一面墙中使用，且面积不宜超过所有墙面的三分之一。

（3）室内安装文化石可选用邻近色或者互补色，但不宜使用冷暖对比强烈的色彩设计。

1.8.2 施工方式

密贴施工

密贴施工是指石片与石片之间不留明显缝隙的施工方法。适合城堡石、层岩石、木纹石等类型的文化石。

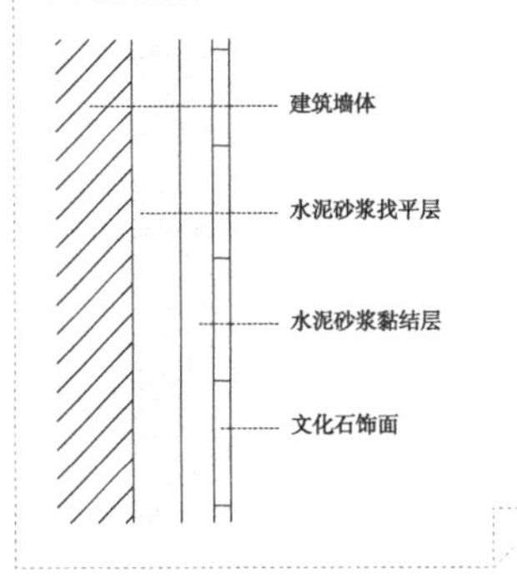

留缝施工

留缝施工是指石片与石片之间留有明显缝隙的做法。一些形状不规则的石材及为了追求自然的样式，如乱片石、鹅卵石及砖石等，都适合采取此种方式。

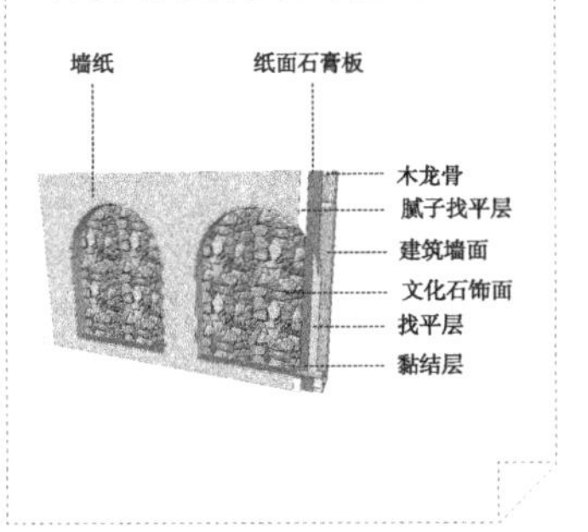

1.8.3 常见问题

问题	石片脱落	勾缝不均匀
原因	墙面没有做粗糙处理或施工墙体过干	使用工具不对或刮缝过早
预防措施	施工前对墙面进行粗糙处理；过干的墙面施工前一天需用水湿润施工表面，第二天施工前再次喷洒	进行勾缝时应使用勾缝袋来操作；涂上勾缝剂后过 2~3h 再做刮平处理

1.9 人造石

材料特点

优点：比天然石材更耐磨

缺点：长期紫外线照射易褪色

适用范围：所有空间均可

适用风格：所有风格均可

挑选技巧

◎ 看外表。质量好的人造石颜色应清透不混浊，通透性好，表面无类似塑料的胶质感，板材反面无细小气孔。

◎ 测手感。手摸人造石样品，质量好的石材表面有丝绸感，无涩感，无明显高低不平感，用指甲划人造石的表面，应无明显划痕。

◎ 闻气味。质量好的人造石应无刺鼻的化学品气味，亚克力含量越高的人造石材气味越淡。

1.9.1 设计搭配

（1）人造石可代替天然大理石做墙面装饰，营造出具有低调华丽感的氛围。

（2）做墙面装饰时，建议选择极细颗粒和细颗粒的品种，颗粒太明显容易显得混乱。

（3）用在地面时，细颗粒类可大面积使用，粗颗粒类更适合做局部拼花设计。

1.9.2 施工方式

墙面施工

人造石的墙面施工，可采用有机胶黏剂、聚酯砂浆或水泥砂浆等作为黏结层，具体可根据所用人造石的原料特点进行选择。

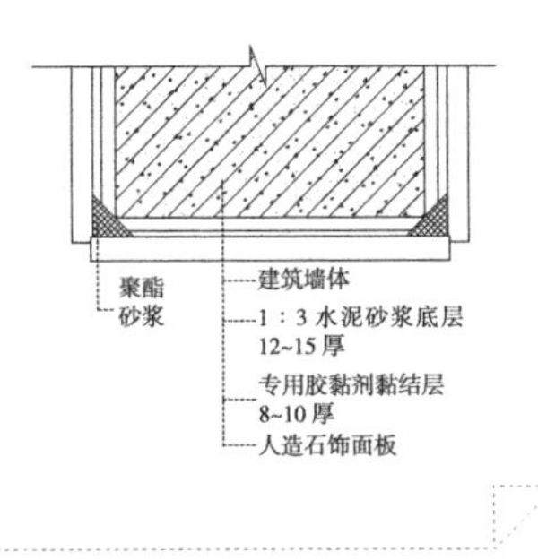

留缝施工

并不是所有类型的人造石都可以用来装饰地面，较常用的为人造大理石和人造水磨石。

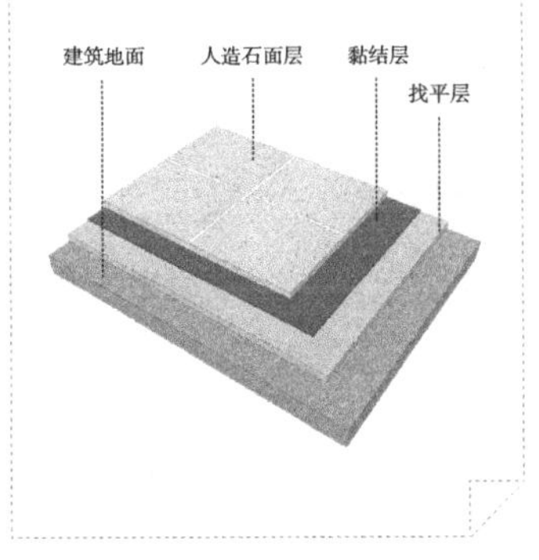

1.9.3 常见问题

问题	人造石变形	开裂、翘曲
原因	采用了水泥砂浆湿铺法；未完全固化就上人或压重物	在地面或墙面铺贴人造石时，如果没有留伸缩缝，就容易使石板开裂、翘曲
预防措施	铺贴时应用人造石专用胶黏剂而非水泥砂浆；铺贴完成72h后方可上人或放重物	铺贴人造石时，石板与石板之间需留1.5~2mm的缝隙，大面积施工时应留6~8mm的伸缩缝

1.10 玻化砖

材料特点

优点：吸水率小，抗弯折强度高

缺点：表面有细孔，抗污能力较差

适用范围：客厅、餐厅、书房

适用风格：所有风格均可

挑选技巧

◎ 看表面。砖体表面是否光泽亮丽，有无划痕、色斑、漏抛、漏磨、缺边、缺脚等缺陷。

◎ 考虑使用者特点。玻化砖表面较为光滑，家里若有老人、小孩，则不建议铺设在地上，以免滑倒。

◎ 听声音。敲击瓷砖，若声音浑厚且回音绵长如敲击铜钟之声，则为优等品；若声音混浊，则质量较差。

1.10.1 设计搭配

（1）玻化砖的光泽度非常高，纹理接近石材，适合用来表现现代感和华丽感。

（2）玻化砖可用开槽、切割等分割设计令规格变化丰富，满足个性化需求。

（3）玻化砖不适合复杂拼花，但可将砖的角切掉一个三角形，加入小块的正方形砖拼花。

1.10.2 施工方式

地面施工

玻化砖地面施工，多采用干铺法。此种铺设方式要使用两种砂浆，一种是 1：4 的半干砂浆，用作垫层使用；另一种是 1：3 的砂浆，作黏合使用。

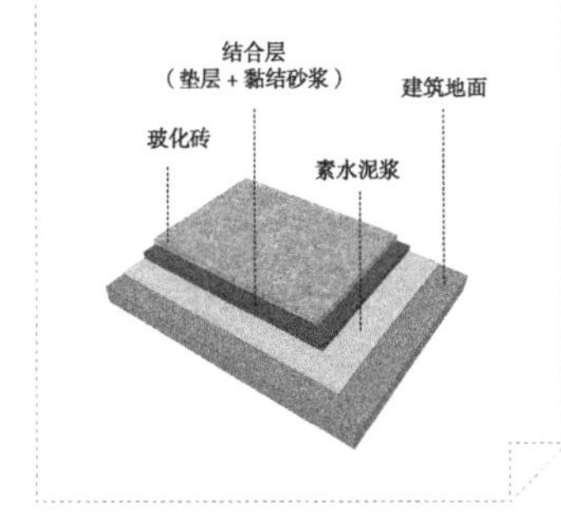

墙面施工

玻化砖装饰墙面多用在背景墙部分，其墙面施工方式与石材类似，一般来说多采用胶粘法，当块面过大时，也可采取干挂法进行施工。

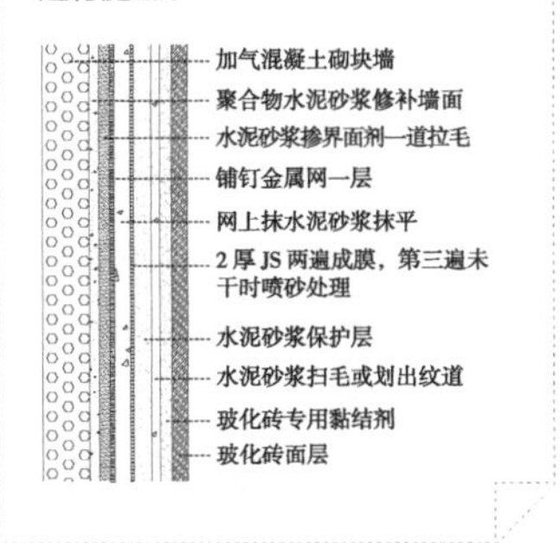

1.10.3 常见问题

问题	玻化砖空鼓	面砖不平整
原因	由于基层处理不仔细或使用水泥砂浆铺贴所致	在基层处理无任何问题的前提下，面砖铺贴不平整的主要原因是施工不规范、不仔细
预防措施	基层处理应仔细、认真，完成后表面应平整、整洁、无污渍等问题；墙砖建议采用背胶加胶黏剂来施工	粘贴面砖的操作方法应规范化，随时自查，发现问题应在初凝前纠正

1.11 仿古砖

材料特点

优点：容易营造特殊风格

缺点：防污能力比抛光砖稍差

适用范围：客厅、餐厅、厨房

适用风格：美式风格、中式风格、地中海风格

挑选技巧

◎ 测吸水率。把一杯水倒在仿古砖背面，如果扩散迅速，则表明吸水率高；吸水率越高则越不适合用于厨房、卫浴间等区域。

◎ 看耐磨度。仿古砖的耐磨度从低到高分为五度。家装用砖在一至四度间选择即可。

◎ 测硬度。用敲击听声的方法来鉴别，如果声音清脆，就表明仿古砖的内在质量好，不易变形、破碎，即使用硬物划一下砖的釉面也不会留下痕迹。

1.11.1 设计搭配

在乡村风格或地中海风格的家居中，地面多采用斜线菱形贴法，墙面则可采用横直贴法和斜线菱形贴法混合设计。

在家居的公共区域中，可以通过地砖质感、色系的不同，或与其他材料混铺，完成不同区域的划分

1.11.2 施工方式

墙面施工

仿古砖与其他瓷砖不同的是，它的墙面铺贴方式非常多样化，总体来说有两种：斜线菱形铺贴和混合铺贴。

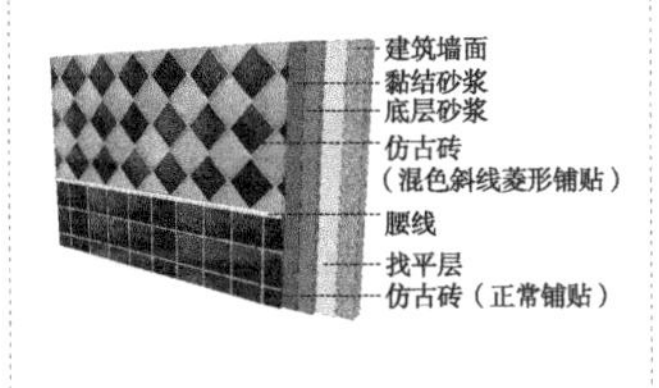

地面施工

仿古砖铺贴地面时，施工方式有干铺法和湿贴法两种。干铺法方式同人造石，湿贴法即为使用水泥砂浆铺贴的方法。

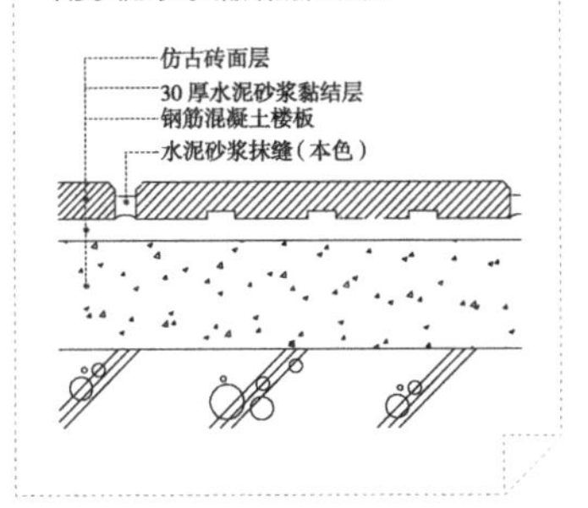

1.11.3 常见问题

问题	出现大小头	接缝不平直	接缝高低差较大
原因	施工时没有按照砖底标示的方向进行铺贴，就容易出现大小头明显的现象	砖的规格有差异或施工方法不当都会引起接缝不平直的问题	由板材的厚度不均匀、角度偏差大，操作时未严格按拉线对准所致
预防措施	施工过程要细致、标准，仔细按照砖背面的箭头铺设，尤其是原边砖	施工前严格选砖，把好材料的质量关；施工时必须贴标准点，粘贴一行后及时用靠尺检查	选砖时剔除高差大、角度偏差大的砖；铺砖时严格对准拉线

1.12 釉面砖

材料特点

优点：图案、色彩丰富
缺点：耐磨性不如抛光砖

适用范围：客厅、餐厅、厨房、卫浴间、阳台
适用风格：所有风格均可

挑选技巧

◎ 观察反光成像。灯光或物体经釉面反射后的图像，应比普通瓷砖成像更完整、清晰。

◎ 看防滑性。将釉面地砖表面湿水后进行行走实验，能有可靠的防滑感觉。

◎ 看剖面。好的釉面砖剖面光滑平整，无毛糙，且通体一色，无黑心现象。

1.12.1 设计搭配

（1）如果厨房或卫浴间面积较小，墙面和地面可以使用同款釉面砖做装饰，墙面可做一些花式铺贴设计与地面区分，空间能显得更宽敞。

（2）用图案较具有特点的釉面砖做装饰时，可搭配与纹理同色的马赛克，做腰线或穿插铺贴，可增加个性和趣味性。需要注意的是，这种做法适合小面积或局部使用，其他部位建议搭配没有花纹的素砖。

1.12.2 施工方式

墙面施工

釉面砖多用在厨卫空间中，但素色砖或花砖用在公共区中也非常具有个性。

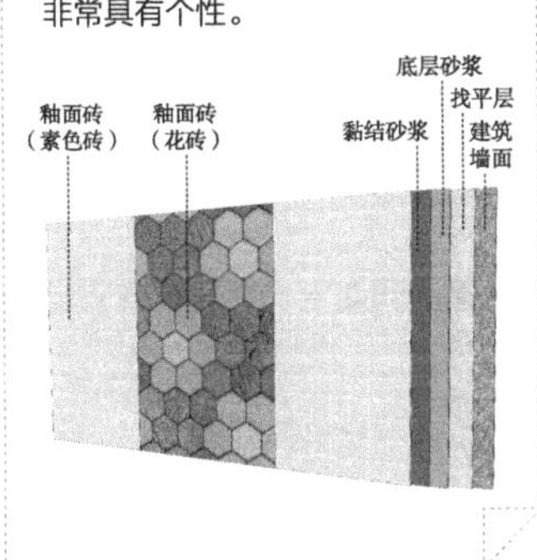

地面施工

釉面砖用在地面时，可充分利用其图案多样的特点，进行创意施工。

1.12.3 常见问题

问题	砖面崩瓷	出现空鼓现象	墙面明显不平
原因	若采取水泥砂浆法铺贴釉面砖，当使用的水泥硬度过高时，就容易引起崩瓷问题	背面抹灰过厚、抹灰不满或抹灰不实	完工后的釉面砖墙面眼观可看到明显的不平，是由于施工前对基层处理不认真所致
预防措施	选择水泥时注意强度不能高于42.5，以免拉破釉面，产生崩瓷	采用水泥砂浆法铺贴釉面砖时，应严格控制工艺，按照规程操作，注意砂浆的厚度并满涂均匀	对基层平整度要严格控制，符合要求后方可进行之后的步骤

1.13 微晶石

材料特点

优点：表面光洁度好，没有天然石材常见的细碎裂纹

缺点：容易显现划痕、脏污

适用范围：客厅、餐厅、书房、玄关

适用风格：古典风格、奢华风格

挑选技巧

◎ 看外观。具有高通透感和强立体感，触感温润如玉。色差小或完全一致，无明显缺色、断线、错位等缺陷。

◎ 测硬度。优质品的表面犹如镜面，刮划表面不易出现划痕。

保养窍门

应选购擦玻璃用的中性清洁剂，绝对不能使用石材除霉剂这一类腐蚀、溶解性物品。对于已经刮伤因而纳污的划痕，乃至正常使用但保洁欠缺、污染明显的区域，使用牙刷加洗衣粉就可以达到满意效果。

1.13.1 设计搭配

（1）微晶石的纹理仿照石材制成，非常适合用来塑造具有华丽感的风格，例如现代时尚风格、欧式风格等。

（2）微晶石用于背景墙时，若想强化华丽感，可做拼花设计或搭配暗藏灯带。

（3）微晶石用做地砖时，若空间面积较大，可采用拼贴方式圈出重点区域，例如客厅中的沙发区。

1.13.2 施工方式

干挂法

板材一侧开缝后用挂架和胶固定，主要用于墙面，成本较高，家装贴砖不建议采用

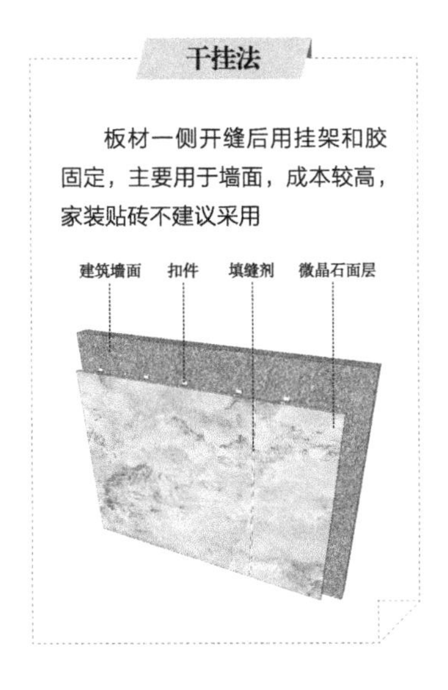

胶粘法

用混合胶浆（如AB胶+玻璃胶/云石胶混合）铺贴，不仅有很强的吸附力，同时还有一定的时间可以做粘贴调整。

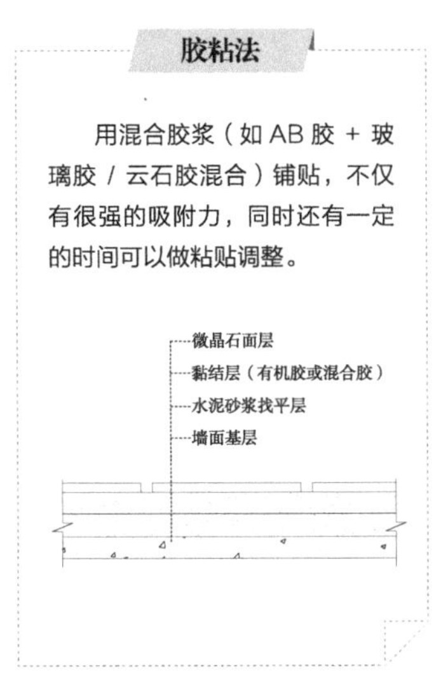

1.13.3 常见问题

问题	切割时开裂	接缝处有黑边
原因	由于锯片选择不正确所致	如果使用的铺贴材料不当，黑水泥流出后就会在接缝处形成黑边
预防措施	微晶石要比一般抛光砖厚，最好采用直径为300mm的锯片，在台式介砖机上切割	若不使用胶粘法，则最好采用275#的白水泥铺贴微晶石，尤其是浅色系列的产品

1.14 贝壳马赛克

材料特点

优点：色彩绚丽、带有光泽，每片尺寸较小

缺点：抗压性能不强，表面需做磨平处理

适用范围：各个空间均可，但不适合装饰地面

适用风格：现代风格、古典风格

挑选技巧

◎ 看表面。在自然光线下，目测有无裂纹、疵点，及缺边、缺角现象；如内含装饰物，其分布面积应占总面积的20%以上，且分布均匀。

◎ 检查脱水。将马赛克放平，铺贴纸向上，用水浸透后放置40min，捏住铺贴纸的一角，若能将纸揭下，即符合标准要求。

1.14.1 设计搭配

（1）在公共空间中，可用在背景墙中与其他材料组合使用，彰显高级感。

（2）在卫浴间中，大面积使用时可同色铺贴；仅用在重点部位时，可用不同色彩混搭拼贴图案用于装饰。

（3）贝壳马赛克的色彩可与卫浴间内的洁具等构成色彩反差，能够增添氛围的活泼性。

1.14.2 施工方式

墙面、地面

墙面用白水泥在砂浆面薄批一次，将马赛克有网的一面直接贴于墙上，将其拍实，15~30分钟后用少量白水泥浆或粉填缝。

木板基层

均匀地在木板表面涂上白乳胶，半干状态时将有网的一面贴上即可，用专业胶板将其轻轻拍实。

1.14.3 常见问题

问题	缝格不均匀	缝隙不顺直	出现空鼓、脱落
原因	由于马赛克的质量不佳或使用的马赛克规格不同所致	缝隙不顺直、纵横缝隙错缝的主要原因是施工人员的拨缝操作不规范	采用水泥砂浆铺贴时，砂浆太稀或铺贴时没有拍实，均会导致出现空鼓、脱落的现象
预防措施	在选料时应严格对待，同一个房间内尽量使用同规格的马赛克	拨缝时，若施工人员经验不足，可进行拉线辅助操作，纵横方向均拉线，以线做基准拨缝	用砂浆铺设时，注意砂浆的比例；马赛克与基层黏结后一定要拍实

1.15 陶瓷马赛克

材料特点

优点：施工简单，防水防潮

缺点：缝隙小，易卡污

适用范围：客厅、餐厅、玄关、卫浴间、阳台

适用风格：现代风格、奢华风格

挑选技巧

◎ 测密度。将水滴到马赛克背面，水滴不渗透的表示密度高、吸水率低，品质较好。

◎ 检验硬度。用锐利物体刮划表面，无划痕或划痕不明显者质量佳。

保养窍门

施工完后建议上一层水渍防护剂，平常使用棉布清洗也比较好处理。

1.15.1 设计搭配

（1）单独一种色彩的陶瓷马赛克适合小面积使用，大面积使用会让人感觉单调。

（2）当大面积使用时，可用不同色彩的陶瓷马赛克做拼花设计，以避免单调感。

1.15.2 施工方式

墙面施工

陶瓷马赛克施工需使用马赛克专用的黏结剂，用齿状刮板涂抹可增加黏结力。装饰墙面时若用在背景墙部位，可设计成马赛克画或者使用质感较为特殊的贝壳马赛克、石材马赛克等进行施工；若大面积铺贴，则有单色、同类色混色、多色混色等多种形式，可单独使用也可与其他材料组合使用。

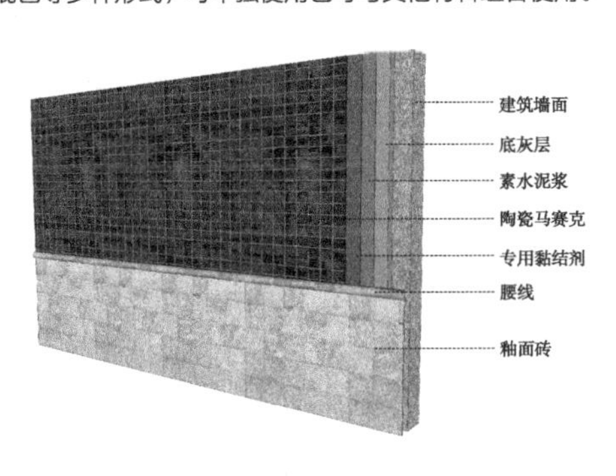

1.15.3 常见问题

问题	粘贴时流浆、滑落	表面不平整
原因	如果施工节奏控制不当，在铺贴过程中就容易出现流浆、滑落等问题	陶瓷马赛克铺贴后表面平整度超出标准的主要原因是基层平整度不合格
预防措施	在铺贴陶瓷马赛克时，注意掌握节奏，要等上一批水泥稍微固化后，再往上面贴下一批马赛克	注意基层的平整度，剔除基层突出的部分，补平内凹处，平整度合格后，须刷洗干净再施工

1.16 玻璃马赛克

材料特点

优点：组合变化的可能性非常多　　适用范围：最适合装饰卫浴间的墙地面

缺点：不容易清理　　适用风格：所有风格均可

挑选技巧

◎ 看外观。颗粒大小相同、边缘整齐，图案占总面积的 20% 以上且分布均匀，背面有锯齿状或阶梯状沟纹。

保养窍门

一般用清水擦拭即可，特别脏时才需要使用中性清洁剂。

1.16.1 设计搭配

（1）玻璃马赛克时尚感强，适合用于现代风格的家居中。

（2）在设计中如果辅助灯光进行针对性的照射，能够增添神秘色彩及浪漫情调。

（3）单独使用面积不宜过大，可以与白色马赛克或者白色瓷砖组合后大面积使用。

1.16.2 施工方式

软贴法

先在湿润的找平层上抹3mm厚的纸筋石灰膏水泥混合浆黏结层，然后弹线，再将马赛克底面朝上刮一层2mm厚的水泥浆，粘贴在墙面上，压实。

硬贴法

先弹线，再抹黏结层，其余步骤同软贴法。此种方法弹线被覆盖，易贴错。

干缝撒灰湿润法

在玻璃马赛克背面满撒细沙水泥干灰，刮平，洒水使其湿润成水泥砂浆，再按软贴法将马赛克贴于墙面。

1.16.3 常见问题

问题	图案与设计不符
原因	在图案较复杂，且没有画线直接粘贴的情况下，就很容易出现错误
预防措施	若设计了较复杂的马赛克图案，则建议在施工前预排一次，并严谨地分格弹线，然后将马赛克按编号放好再粘贴

1.17 石材马赛克

材料特点

优点：有天然石材本身的质朴感

缺点：施工较费时间

适用范围：客厅、餐厅、书房、卫浴间、阳台

适用风格：美式风格、中式风格、地中海风格

常见形状

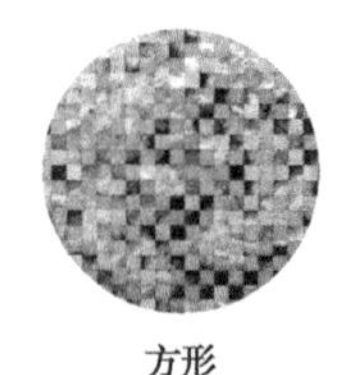

方形

条形

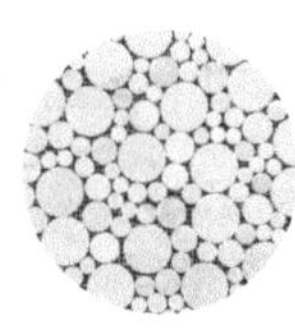

圆形

不规则平面

挑选技巧

◎ 看外观。颗粒大小相同，边缘整齐，背纸或背网无撕裂或破损的现象。

◎ 检验牢固性。用两手捏住两角，直立然后放平，反复三次，以不掉砖为合格。

保养窍门

石材马赛克兼有石材和马赛克的特性，在清洁时要用专门的石材清洗剂，同时要注意每片马赛克的缝隙处也要及时清洗。

1.17.1 设计搭配

（1）光滑的石材马赛克比较适合表现华丽感，亚光的石材马赛克则适合表现古朴、自然的韵味。

（2）在家居的公共空间中，石材马赛克更适合用在背景墙部分或地面的边缘部分做拼花。

（3）素雅氛围的家居，适合搭配颜色低调、工艺简单的石材马赛克，可做一些简单的几何排列。奢华风格的家居，可搭配华丽一些的石材马赛克，做一些复杂的拼图设计。

背景墙使用石材马赛克拼贴更有古典韵味

1.17.2 施工须知

（1）基层应进行彻底的清理，保证干燥、整洁。安装前应按照施工安装图预铺。

（2）完工后，可在表面打蜡或刷石材防护剂进行保护。

（3）光面石材马赛克用油性防护剂，亚光面石材马赛克用水性防护剂。

1.18 夜光马赛克

材料特点

优点：发光时间达到 8~12h；可循环使用

缺点：清洁难度大，不适合厨、卫空间

适用范围：客厅、餐厅、书房、卧室

适用风格：现代风格

1.18.1 设计搭配

（1）夜光马赛克可定制图案，能够制成心形、高楼大厦、树林等多种图案。

（2）大面积平铺易显得单调，可搭配其他材质的马赛克，构成想要的造型。

局部铺贴夜光马赛克不仅能够丰富空间层次，还能增加空间创意感

1.18.2 施工方式

墙面施工

对于不同类型的基层，所选择的黏结剂也是有区别的。水泥基层，用白水泥添加 801 胶水或 107 胶水，或使用马赛克瓷砖胶；木板基底，可以用中性玻璃胶，一桶可以贴 $1m^2$ 左右。

其他部位施工

除了装饰墙面外，夜光马赛克也常用来铺地面，但很少单独使用，多与地砖、大理石等组合施工，在卫浴间中与墙面马赛克连接起来做一体式施工也是较为常用的形式。除此之外，因为尺寸小、使用灵活且款式多样，夜光马赛克还可用在柱面、垭口、台面、泳池、踢脚线及楼梯踏步立面等部位。

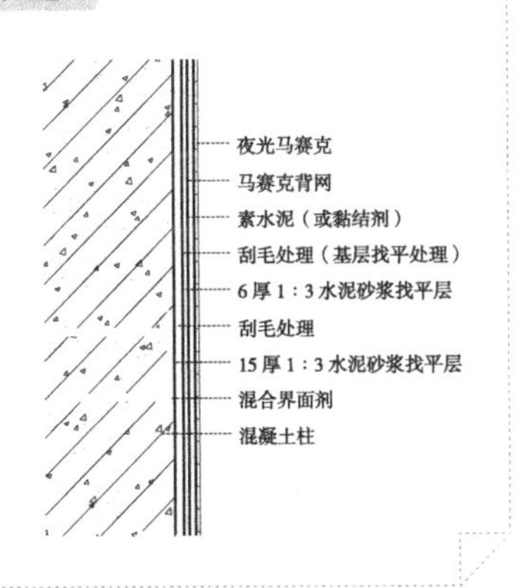

1.18.3 常见问题

问题	粘贴时流浆、滑落	缝隙不顺直
原因	若施工节奏控制不当，在铺贴过程中就容易出现流浆、滑落等问题	施工人员的拨缝操作不规范
预防措施	在铺贴马赛克时，注意掌握节奏，要等上一批水泥稍微固化后，再往上面贴下一批马赛克	拨缝时，若施工人员经验不足，则可进行拉线辅助操作，纵横方向均拉线，以线做基准拨缝

1.19 木纹砖

材料特点

优点：具有原木温润的视觉效果，易清理保养

缺点：价格较高，触感不如木料

适用范围：客厅、餐厅、厨房

适用风格：各种风格均适用

挑选技巧

◎ 依空间挑选。瓷质的木纹砖硬度和耐磨度高，适合用在户外空间；若铺在卫浴间，则应选择表面纹理较深的木纹砖，可以防滑。

◎ 看外观。纹理重复越少越好，至少达到几十片不重复。

保养窍门

使用含有酵素的清洁剂清理，可以比较容易去掉污迹。

1.19.1 设计搭配

（1）如果喜欢木纹的质感又担心木地板变形，就可用木纹砖代替木地板用于家居中。

（2）在厨卫浴的其他空间中，也可少量使用木纹砖装饰背景墙，打造质朴感。

（3）木纹砖可齐缝铺贴，也可错缝铺贴，前者具有规整的效果，后者与木地板的装饰效果更接近。

1.19.2 拼贴方法

编织铺贴

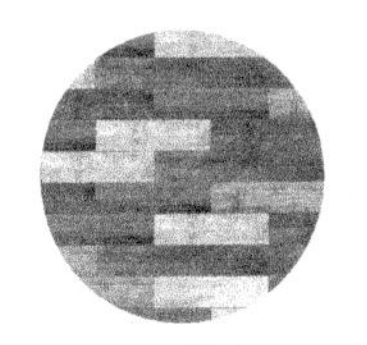

错缝铺贴

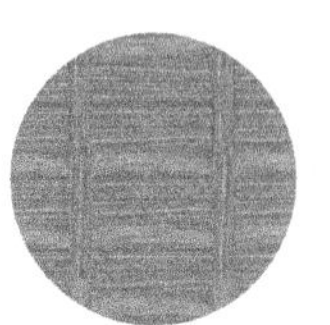
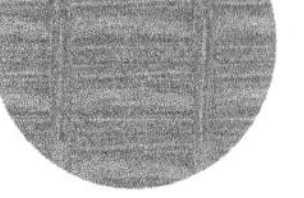

横竖直铺

平直人字形铺贴

传统人字形铺贴

斜列人字形铺贴

工字铺贴

三七交错混合斜铺

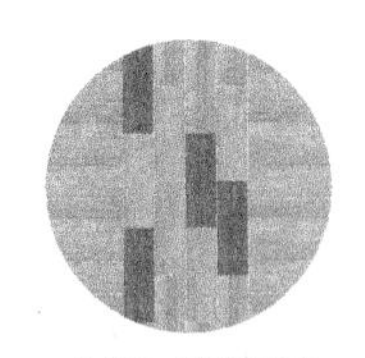

直铺加错位混铺

多规格混合斜铺

宽窄规格混铺

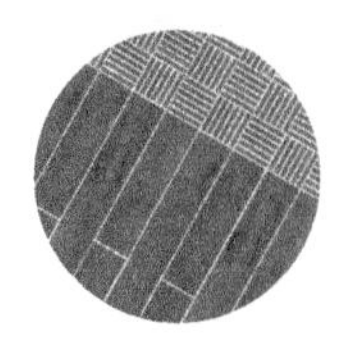

与马赛克混铺

1.20 皮纹砖

材料特点

优点：具有皮革的质感与肌理，可随意切割

缺点：价格较贵

适用范围：客厅、餐厅、书房、卧室

适用风格：现代风格、工业风格

挑选技巧

◎ 听声音。举起砖敲击，声音清脆者为上品。

◎ 检查渗入时间。滴水测试，渗入时间越长品质越好。

◎ 看缝隙。将多块砖置于平地上贴紧，缝隙越小越好。

1.20.1 设计搭配

（1）当皮纹砖用在坐卧家具较多的空间中时，可以搭配皮革家具，营造统一感。

（2）皮纹砖尤其适合现代风格的家居，当墙面面积较小时，可直接平铺皮纹砖做装饰；若墙面面积较大，则不适合单独平铺。

（3）目前市面上的皮纹砖主要以 300mm×600mm 和 600mm×600mm 两种规格为主，客厅铺贴皮纹砖选 600mm×600mm 的规格效果最佳。

1.20.2 施工方式

毛坯墙

基层为毛坯墙体，铺贴方式与其他瓷砖相同。

木体或普通墙

如果背部是木体，则可用中纤板、硅钙板、复合板等打底，再用黏合剂粘贴皮纹砖。

1.20.3 常见问题

问题	皮纹砖缝隙不美观	皮纹砖被污染
原因	皮纹砖的缝隙处理方式不正确就会导致缝隙不美观	皮纹砖表面有凹凸纹理，若铺砖时砂浆没有及时清理或护理不当，砖面就容易被污染
预防措施	砖与砖之间可不采用传统勾缝的处理方式，而是用一根皮纹条替代拼缝，效果会更美观、逼真	水泥等污染物可使用盐酸、硝酸等的稀溶液擦拭，然后再用清水擦拭

1.21 布纹砖

材料特点

优点：仿真程度高，与布料极度类似　适用范围：客厅、餐厅、书房、卧室
缺点：较难清理　适用风格：现代风格、北欧风格

保养窍门

布纹砖表面凹凸不平，所以并不好清理，仅用抹布擦拭较难清理干净，可以使用专门的布艺清洁剂来处理。

设计搭配

用布纹砖装饰背景墙，会有一种“地毯上墙”的美感，但需注意纹理应与家居风格相协调。

布纹砖装饰背景墙

1.22 花砖

材料特点

优点：艺术价值高，花样变化丰富
缺点：相对容易过时，且价格稍贵

适用范围：客厅、餐厅、卧室、厨房、卫浴间
适用风格：各种风格均可

挑选技巧

◎ 整组采购。由于每一家厂商或每一款花砖的尺寸都不完全相同，若随意更换搭配，就会有尺寸不合适的问题。

保养窍门

一般使用中性的清洁剂，可不伤害瓷砖本身。

设计搭配

一般来说，花砖多用于墙面装饰，若要用于地面装饰，地砖和墙砖使用上的差别通常是以硬度及防滑度作为区分的。若要用墙砖作地砖，则局部装饰即可，且须进行耐磨处理。

1.23　板岩砖

材料特点

优点：吸水率低，与天然板岩相比价格低

缺点：易碎，表面强度弱

适用范围：客厅、餐厅、卫浴、阳台

适用风格：现代风格、自然风格

挑选技巧

◎ 看表面。砖体的边线、直角尖锐细腻，胚体坚硬、结实。

◎ 检查渗透。向砖背面滴水，渗透得越慢越好。

保养窍门

与天然板岩相比，板岩砖清洁时更为容易，平时使用清水保养即可。板岩砖的表面略粗糙，虽可防滑，但容易卡污，可定期使用专门的瓷砖清洁剂进行清洁。

1.23.1　设计搭配

（1）通常来说，大空间适合选用大尺寸的砖，小空间适合选用小尺寸的砖，如面积小于 100m^2 的居室适合选择 300mm×600mm 的尺寸，面积在 100m^2 以上的居室适合选择 600mm×600mm 以上的尺寸。

（2）卫浴间须考虑排水，不建议选择大尺寸的砖，300mm×600mm 的尺寸比较合适。

（3）当房间面积较大时，可使用不同色彩的砖进行拼贴来增添层次。

1.23.2 施工须知

（1）在施工时不宜紧密拼贴，最好留缝 2mm。

（2）当需要裁切时，建议用水刀切割，这样能裁切出平整的切边。

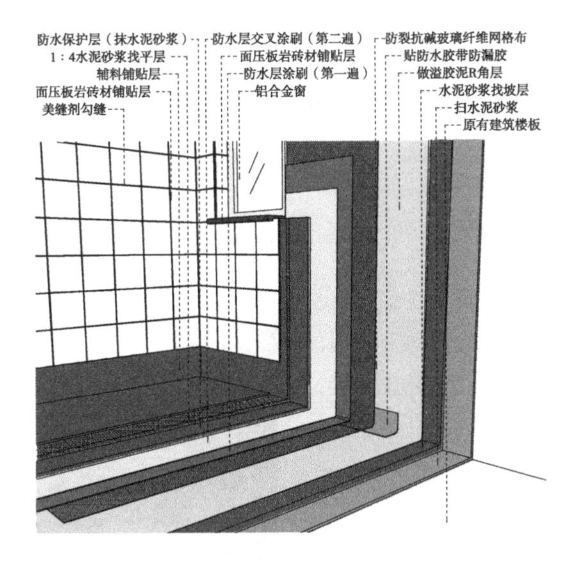

1.24 金属砖

材料特点

优点：呈现金属光泽的效果　　适用范围：客厅、餐厅

缺点：价格相对昂贵　　适用风格：现代风格、工业风格

挑选技巧

◎ 听声音。试敲金属砖，声音越清脆、扎实，表示硬度越高、越耐磨。

1.24.1 设计搭配

（1）金属砖具有显著的现代特征，适合用于现代风格的居室。

（2）金属砖的质感比较冷硬，在家居中不建议大面积使用，仅可用于局部装点。

金属砖装饰墙面更有个性的现代感

1.24.2 施工须知

（1）金属砖需要用特殊的黏胶来进行施工，只有好品质的黏胶才能保证施工质量。

（2）需要经验丰富的专业人员粘贴。

1.24.3 常见问题

问题	表面不平整	接缝高低差较大
原因	基层平整度不合格	板材的厚度不均匀、角度偏差大；操作时未严格按拉线对准
预防措施	注意基层的平整度，剔除基层突出的部分，补平内凹处，平整度合格后，需刷洗干净再施工	选砖时剔除高差大和角度偏差大的砖；铺砖时严格对准拉线

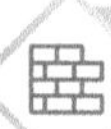

1.25 水泥砖

材料特点

优点：有瓷砖的耐用性，可代替水泥使用

缺点：样式、图案单一

适用范围：客厅、餐厅、书房、卫浴间、厨房

适用风格：现代风格、工业风格、北欧风格

1.25.1 设计搭配

若觉得单调，可将水泥砖与布纹砖、金属、镜片等其他材料组合使用。

在面积较为宽敞且采光极佳的餐厅中，地面选择几何块面纹理的灰色系水泥砖，在增添层次感的同时又不会显得混乱

1.25.2 施工方式

干挂法

墙面施工可分为两种：素色砖铺贴和混合铺贴。

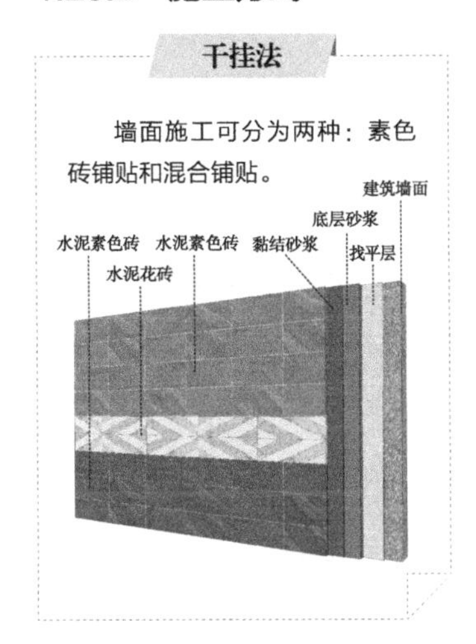

胶粘法

水泥砖地面施工方式与仿古砖相同，若想追求好的效果且减少空鼓率，应采用干铺法。

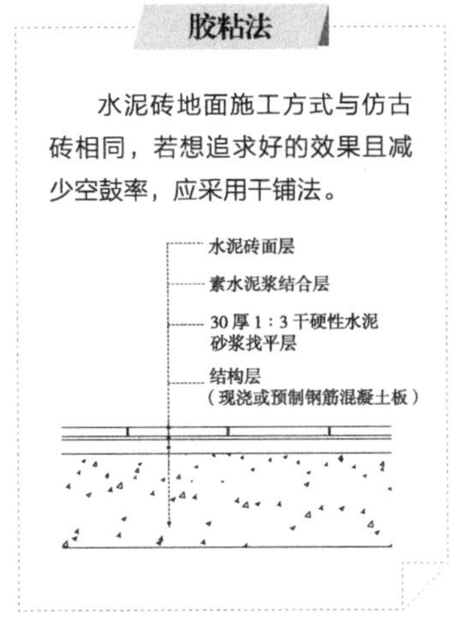

1.25.3 常见问题

问题	铺设后开裂	边缘部位琐碎	起拱、脱落
原因	水泥砖铺设一段时间后出现开裂现象一般是由于留缝不足或未留缝，水泥砂浆出现热胀冷缩现象所致	边缘部位若非整砖，拼凑过多，就容易使人感觉地面整体非常琐碎	施工不规范或铺贴不密实
预防措施	无论采取何种铺贴方式，均需要留出一定的缝隙	在铺贴前排砖时，除注意花色、拼缝等问题外，还需注意计算非整砖的位置和尺寸需美观	水泥砂浆应混合均匀，并放置足够的时间后再使用；贴砖后需用小锤敲击，使其与基层结合紧密

1.26 填缝剂

材料特点

优点：黏合性强、具有良好的防水性

缺点：使用一段时间后容易变脏，强度下降

适用范围：所有空间均可

适用风格：所有风格均可

1.26.1 设计技巧

（1）可根据使用位置的不同功能要求来挑选填缝剂，如厨房需要防油污，卫浴间需要防霉、防水等。

（2）填缝剂的色彩应与装饰砖的风格相协调。

1.26.2 施工须知

（1）施工前应将砖缝清理干净，施工过程中保持通风。吸水率较高的瓷砖，可预先湿润缝隙。黑色填缝剂应待干固后，再用清水清洁痕迹，以避免发白。

（2）一般来说 5kg 的填缝剂，填 5mm 的缝能用 4~5m^2，填 3mm 的缝能用 7~8m^2。

第 2 章 板材材料

板材最早是指木工用的实木板，用于家具或其他生活设施的制造。随着科技的发展，在当今，板材的种类越来越多，定义也愈加广泛。如今的板材不仅可用于家具、构件等基层部分的制作，还有一些可用作面层的装饰。在设计时，配以不同的组合方式，可营造出不同的视觉效果。

2.1 木纹饰面板

材料特点

优点：纯木质材料，装饰性好

缺点：会释放一定的游离甲醛

适用范围：客厅、餐厅、卧室、书房

适用风格：所有风格均可

挑选技巧

◎ 观察贴面。看贴面（表皮）的厚薄程度，贴面越厚性能越好，油漆越厚实木感越真，纹理也越清晰，色泽也越鲜明。

◎ 看纹理。天然木质花纹，纹理图案自然变异性比较大、无规则。

◎ 看胶层。应无透胶现象和板面污染现象；无开胶现象，胶层结构稳定。要注意表面单板与基材之间、基材内部各层之间不能出现鼓包、分层现象。

保养窍门

先用干抹布清除灰尘，再用棉布加上稀释的洗涤剂以推抹吸附的方式清洁。如果木饰表面沾有水渍，则应该立即用干抹布擦干，以免板材因潮湿而损坏。

2.1.1 设计搭配

（1）根据家居风格选择木纹饰面板的颜色，如华丽风格适合偏红的色系，简约风格适合黑白灰或浅色。

（2）小面积墙面适合平铺，留缝或搭配不锈钢条等塑造层次感；大面积墙面可搭配立体造型。

2.1.2 施工方式

墙面的阴角构造处理方法包括对接、弧形转角、方块转角及斜面转角等；墙面的阳角构造处理方法包括对接、斜接、企口及加方块等。

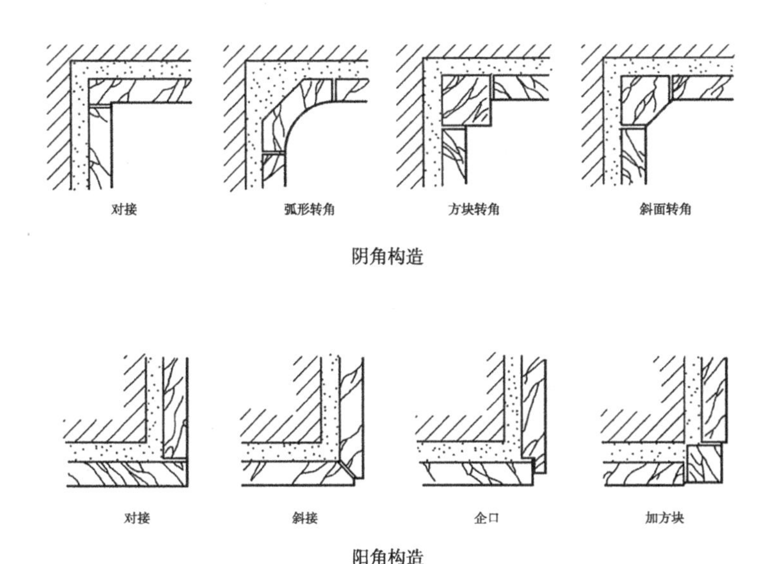

阴角构造

阳角构造

2.2 细木工板

材料特点

优点：握钉力好，加工简便

缺点：怕潮湿，不宜用于潮湿区域

适用范围：客厅、餐厅、卧室、书房

适用风格：所有风格均可

挑选技巧

◎ 看外观。表面无翘曲、无变形、无起泡、无凹陷；芯条排列均匀，缝隙小于 5mm；无腐朽、虫孔、节疤等；周边无补胶、补腻子的痕迹。

◎ 闻味道。气味越大，说明污染物释放量越高，污染越厉害，危害性越大。

保养窍门

当表面有灰尘时，应使用毛掸或软布除尘；当表面有污渍时，应使用砂蜡擦磨清除。有条件的应定期对饰面用油蜡进行保养。

2.2.1 设计搭配

（1）一般 100m^2 左右的室内，使用 E0 级细木工板的数量不宜超过 20 张。

（2）不要在地板下面用细木工板做衬板，否则容易产生甲醛超标的问题。

2.2.2 施工须知

（1）细木工板表面较薄，严禁硬物或钝器撞击。

（2）施工时只能沿长的一边“顺开”，不能“横切”使用。

（3）细木工板不能直接做面板使用。

2.2.3 常见问题

问题	造型出现变形	固定不牢
原因	墙面、木龙骨或细木工板在施工前未做好防潮、防腐处理；木龙骨或细木工板含水率不合格	龙骨间距设计不合理，细木工板钉装位置不对
预防措施	根据地区的湿度对木龙骨及细木工板做好防腐、防潮处理；若所在区域湿度较大，可在细木工板背面与墙面之间加做一层防潮层，同时将木材的各缝隙使用玻璃胶密封起来；施工所使用的木龙骨和细木工板，含水率应控制在12%以内	平面造型墙木龙骨横竖间距一般不应大于400mm；安装时，一定要将细木工板固定在龙骨上

2.3 指接板

材料特点

优点：可直接作为面材使用，性价比高

缺点：耐用性低于实木，湿度高时易变形

适用范围：家具、橱柜、衣柜

适用风格：所有风格均可

挑选技巧

◎ 看表面处理方式。选择表面经刷漆处理的，不易变形。

◎ 看拼接。暗齿拼接的质量好于明齿拼接。

保养窍门

指接板家具一般可每季度重点保养一次，用软布擦拭表面尘迹后，在指接板家具上用光蜡均匀涂擦床头柜表面。光蜡有保护指接板家具漆膜免受潮湿、划伤和灼伤的作用。

2.3.1 设计搭配

（1）在自然风格的家居中，可直接用指接板制作柜子，而不需要再叠加饰面。

（2）若追求个性化，则可选用有节疤的板材。

2.3.2 施工方式

不贴面施工

柜子表面不再用其他饰面板做饰面，而是直接用指接板兼做饰面，结构完成后，在表面涂刷清漆，裸露指接板的纹理。污染源减少，装饰效果个性，适合田园类风格。

贴面施工

将指接板作为基层板使用，在表面覆盖一层其他类型的饰面板。样式更多样化，但污染源和工序增加。适合所有装饰风格。

2.3.3 常见问题

问题	钉眼未补全	开裂现象
原因	枪钉沉入的深度不足，未进行补钉眼	制作柜子使用的指接板厚度过薄、板材含水率过大、施工前未封漆
预防措施	钉枪钉时，深度应沉入板面3mm以下，以便于填补钉眼	可选用双层或三层板；施工前可涂刷底漆，对板材进行封闭

2.4 免漆板

材料特点

优点：集构造和饰面功能于一体

缺点：耐晒性和耐久性差

适用范围：常用于室内建筑及各种家具、橱柜的装饰上

挑选技巧

◎ 观察外观。木芯材拼缝应衔接严密，切面光滑平整，横截面有木质的手感。

◎ 看光洁度。在光线下侧 45° 角观察板材，不光洁的部分越多，使用寿命越短。

保养窍门

要保持放置免漆板家具的房间干燥，并避免使其与酸碱溶液接触。可在家具中放置除湿棒或干燥剂，预防衣柜受潮变形。

2.4.1 设计搭配

（1）免漆板的纹理及色彩宜与家居整体风格相协调。

（2）免漆板更适合做家具，不太适合装饰墙面。

2.4.2 施工须知

（1）不能磕碰，否则容易掉漆或划伤且无法修补。

（2）涂胶时应用油漆施胶，再用刮刀刮均匀。

（3）将胶晾干至有黏性、不粘手为好，否则容易起泡或脱落。

2.4.3 常见问题

问题	边缘脱皮、翘起	收口有毛边	开裂、变形
原因	防潮措施未做好	施工后，未对收口处进行处理	环境过于潮湿或选择的板材质量不佳、厚度过薄
预防措施	制作固定式柜子时，背部必须做好防潮措施；在进行柜体设计时，可加高柜脚，以避免底部受潮	收口处理完成后，必须用砂纸打磨木质阳角及收口处，保证无毛刺，手摸触感平滑	做好柜体的防潮措施；选择板材时注意质量，可选择厚度大一些的产品

2.5 科定板

材料特点

优点：手感接近木纹饰面板
缺点：价格较贵
适用范围：客厅、餐厅、卧室、书房
适用风格：所有风格均可

挑选技巧

◎ 看表面。表面纹理均匀、无色差、色泽协调、纹理清晰者为优良品；无翘曲变形显现，可垂直竖立。

◎ 用笔涂。用笔涂画表面，再用工业酒精清洗，痕迹越少者越好。

2.5.1 设计搭配

（1）某些珍贵板材价格非常昂贵，可用科定板代替。

（2）科定板不耐晒，应避免用在阳光直射区域。

用科定板装饰的墙面及步入式衣柜

2.5.2 施工须知

（1）若施工面圆弧弧度小于 120°，则无法造型。

（2）应避免使用强力黏胶，可以使用低甲醛的白胶。若担心黏性差，则可用射钉固定，再补腻子。

2.5.3 常见问题

问题	造型与图纸不符	门两侧的缝隙关不严
原因	由于设计人员与施工人员沟通不良所致	墙有歪斜现象，做衣柜时，两侧立板跟着墙面一起歪斜，进而导致柜门不能严密关闭
预防措施	在开工前，设计人员应详细地向施工人员进行交底，大柜需在墙面放样后再动工	框架完成后进行检验，横平竖直误差应在 2mm 以内

2.6　刨花板

材料特点

优点：结构比较均匀，加工性能良好

缺点：边缘粗糙，容易吸湿

适用范围：家具制造

适用风格：所有风格均可

挑选技巧

◎ 看表面。板面平整、光滑，无污渍、胶渍等；无断痕、透裂、边角残损等缺陷；厚薄均匀一致。

◎ 闻味道。嗅闻，无刺激气味。

保养窍门

在清除刨花板家具上的灰尘时最好用纯棉针织布，然后再用细软羊毛刷清除凹陷或浮雕纹饰中的尘埃。经过油漆处理的家具，忌用汽油或有机溶剂擦拭，可用无色家具上光蜡擦拭，以增强光泽减少落尘。

2.6.1　设计搭配

（1）采用刨花板做大型柜体时，可在背部铺设防潮层，以阻隔潮气。

（2）柜体底部也较易受潮，用刨花板制作柜子，可设计一段柜脚，抬高底面。

2.6.2 施工方式

封边工艺

封边工艺特别重要，否则板材易吸湿变形。裁板时容易出现暴齿，部分工艺对加工设备要求较高。刨花板制作的家具比较重，连接部位一定要稳固。

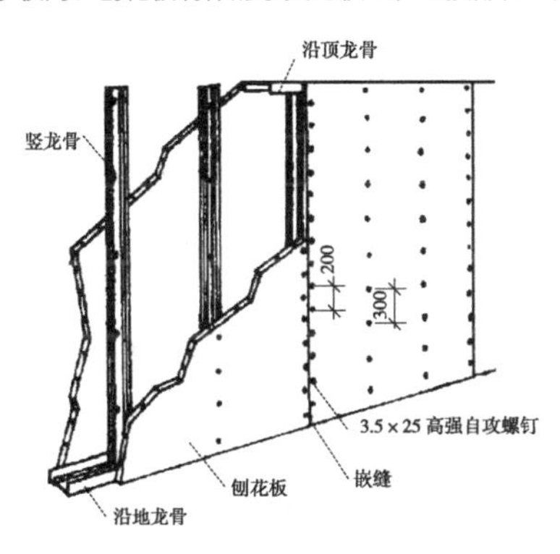

2.6.3 常见问题

问题	断面不光滑	边缘缺料
原因	修边时操作不规范、不仔细	裁料时，边缘部分没有为修边留足尺寸
预防措施	用锉刀修边时应注意方向，统一向下。若发现毛边严重，则可重新用锋利的锉刀修整	在切割板材时，每条边应多留出 6mm 做修边之用

2.7 美耐板

材料特点

优点：不容易藏污纳垢

缺点：不耐割伤，不易平顺收边

适用范围：厨房、卫浴间

适用风格：所有风格均可

挑选技巧

◎ 测硬度。用硬物刮划表面，无划痕者质量佳。

◎ 用火烤。用小火烘烤板面，无损伤者质量佳。

2.7.1 设计搭配

（1）美耐板在厨房中可以发挥重要的作用，可装饰台面、柜面等部位。

（2）所使用板材的色彩或纹理，应与整体家居风格相协调。

2.7.2 施工须知

（1）美耐板有转角接缝处明显的缺点，在收边时须特别留意。

（2）美耐板较薄，需粘贴在基层上使用。尺寸应比基层板略大一些，之后再修边，修边要干净整齐，没有缺口。粘贴时，应避免空气残留内部。

2.7.3 常见问题

问题	板面顽固污渍	接头不严或开裂
原因	由于施工后未及时清理所致	板材含水率大或墙面未做防潮处理
预防措施	不能使用刺激性的清洁剂做清理，可用温和的硬毛刷配合膏状食用小苏打和水，轻擦10~20次	板材到位后，在现场放置到含水率与室内接近时再安装；墙面须做防潮处理，如刷防水防潮涂料或铺防潮层

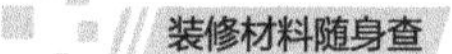

2.8 纤维板

材料特点

优点：容易涂饰，是油漆的最佳底材

缺点：不能承受重力，不耐潮湿

适用范围：客厅、餐厅、卧室、书房

适用风格：所有风格均可

挑选技巧

◎ 看外观。板材厚度均匀；表面平整、光滑，无污渍、水渍、黏迹；四周细密、结实、无毛边。

◎ 听声音。敲击板面，声音清脆悦耳者品质佳。

保养窍门

要经常除尘，减少表面灰尘吸附。除尘时，最好使用浸湿后拧干的软棉布，可以减少摩擦，避免划伤墙面，还有助于减少静电对灰尘的吸附。为避免水汽残留在墙面上，可以用干棉布再擦一遍。建议每隔两周或一个月除尘一次。

2.8.1 设计搭配

（1）纤维板受力大时容易变形，不适合用来制作跨度过大的书柜或衣柜。

（2）涂装效果非常好，可以用来设计制作需要混油涂装家具的基层。

2.8.2 施工方式

纤维板墙面与踢脚板交接处的构造

纤维板墙面与踢脚板交接处的处理方法包括墙面突出踢脚板、踢脚板突出墙面或踢脚板与墙面平齐。

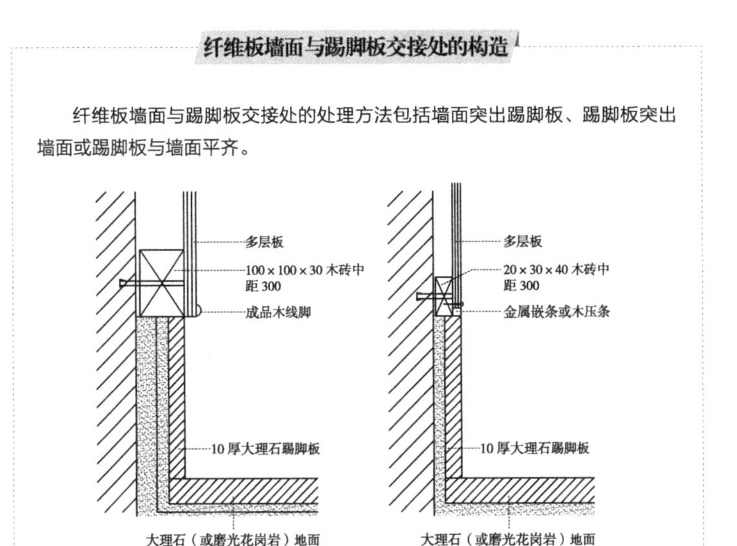

踢脚板与墙面交接处的构造处理

2.8.3 常见问题

问题	边线翘起	有平整度偏差
原因	木线固定方式不正确，或胶内有杂物	墙面基层不平或龙骨架不平
预防措施	实木线固定遵循施工要点；刷胶前将板材侧面和木线条表面清理干净，避免粘入灰尘	施工前要对墙面进行找平处理；龙骨架钉装后需对平整度进行调整，确保无误后再固定板材

2.9 模压板

材料特点

优点：造型和色彩纹理多样，木纹逼真
缺点：设计主体不能太长太大，易变形
适用范围：厨房、卫浴间
适用风格：所有风格均可

挑选技巧

◎ 看表面。好的模压板膜皮较厚，边角均匀、无多余角料，没有空隙。
◎ 闻味道。嗅闻样板，无刺激性气味。

2.9.1 设计搭配

（1）相比较来说，模压板的装饰性较弱，不建议用来装饰墙面。

（2）用模压板装饰门扇时，如果面积较小，则不建议选择深色系。

模压板装饰门扇

2.9.2 施工须知

（1）施工后必须要做面层漆处理。

（2）高密度模压板，面层只能做混油漆处理，不能上清漆。

2.9.3 常见问题

问题	起皮、开胶	柜子接缝不严密
原因	由于材料本身质量不佳或墙面潮湿所致	由于施工人员的施工水平不高或未遵守施工规范操作所致
预防措施	施工前严格检验材料，剔除质量不合格产品；基层需要做好防潮措施	在施工前对工人的施工水平进行查验，并在施工中严格监工

2.10 奥松板

材料特点

优点：有非常高的强度和稳定性
适用范围：衣柜、书柜、地板等
缺点：不易握牢普通钉

挑选技巧

◎ 看外观。纤维柔细，色泽浅白，无刺鼻气味，且有淡淡的松木香；表面具有很高的光滑度。

◎ 看厂家。带有原产地授权书、进关单、检疫单等资料。

保养窍门

尽量不让奥松板家具接触到腐蚀性液体，比如酒精、指甲油或者其他强酸、强碱等。在擦拭奥松板衣柜的时候，可用软布适当蘸一些清洁剂进行擦拭，并要顺着家具的纹理方向进行擦拭；不要用比较硬的抹布来擦拭，否则可能划伤家具漆膜。另外，尽量不用沾水的湿抹布擦拭家具。

2.10.1 设计搭配

（1）奥松板的特性使其非常适合用于制作衣柜或书柜，不易变形。

（2）非常适合做涂装，且很节省油漆，可用来制作需混油处理的家具。

（3）用螺栓连接的奥松板拆开后还可再次利用，用其制作的家具，拆卸移动后还可再次组装使用。

2.10.2 施工须知

（1）奥松板对螺栓的握钉性能很好，但对用锤子凿进的大钉握钉性能一般，因此适合用螺栓连接。

（2）针对表面不平的板材，在做漆前，可批一遍调过色的灰，或上几遍透明腻子。

2.10.3 常见问题

问题	柜子背板或门板变形
原因	作为背板使用的奥松板厚度过薄；奥松板质量不佳，防水性能不足；柜体背后没有做防潮措施，直接固定在墙面上；背板或门板未做好封边处理
预防措施	作为背板的奥松板，当柜体的承重要求较高时，应使用厚度为 18mm 的类型；当环境较潮湿时，应选择防潮性能较好的奥松板，背板面向墙的一侧可涂刷防潮涂料来增加防潮性能；固定在墙面上的柜体，其背板和墙面之间应增加一层防潮层；底部柜脚可抬高 150mm 左右，以避免底部受潮；背板和门板的封边应仔细做好

2.11 欧松板

材料特点

优点：甲醛释放量极低　　适用范围：家具、界面装饰

缺点：厚度稳定性较差　　适用风格：所有风格均可

挑选技巧

◎ 看外包装。包装印有制造商的名称和商标，带有经销商出具的进口报关单。

◎ 看纹路。木纹清晰、真实，板材无脱胶、开裂、腐朽、缺角等缺陷。

2.11.1 设计搭配

（1）若想要塑造浓郁的自然感，用欧松板做完结构后，可直接用清漆涂装。

（2）欧松板的纹理很具特色，也可与其他材料组合，用来做背景墙的饰面。

欧松板整板与超白镜组合，时尚而又温馨。整板上墙更易于打扫，兼顾了美观性和实用性

2.11.2 施工方式

墙板

欧松板墙板主要采用粘贴的方式来施工。若基层处理得好，则可直接粘贴；若有造型需求，底部可用胶合板做衬板，也可用龙骨加衬板来做基层。

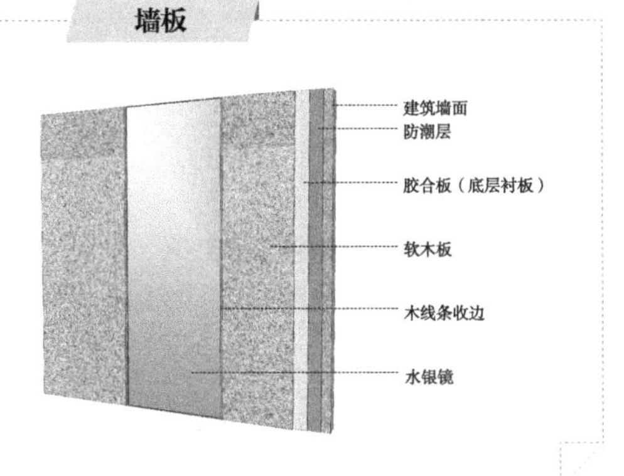

2.11.3 常见问题

问题	侧面握钉劈裂或不牢固	边线翘起	表面有明显坑洞
原因	在欧松板的安装过程中，施工操作方式不正确，未按照规范操作	由于木线固定方式不正确，或胶内有杂物所致	由于未对表面进行处理或处理不细致所致
预防措施	在安装欧松板的过程中，当需要侧面握钉时，应根据板材的厚度选择直径尺寸适合的自攻钉，若自攻钉直径过大则会劈裂；在进行侧面握钉前，应先用电钻打小孔，再上自攻钉	实木线固定遵循施工要点；刷胶前将欧松板侧面和木线条表面清理干净，避免粘入灰尘	欧松板做饰面使用时，应对表面的坑洞进行处理，处理应细致、无遗漏

2.12 防火板

材料特点

优点：隔热性能极佳

适用范围：有防火要求的空间

缺点：无法创造凹凸、金属等立体效果

挑选技巧

◎ 看图案。图案清晰透彻、效果逼真、立体感强，光泽度均匀、无色差。

◎ 观察表面。表面平整光滑、耐磨，无碎裂、爆口、破损等缺陷。

保养窍门

灰尘要用毛刷或吸尘器处理干净，必须沿单方向清洁，以免把灰尘再次带入板材表面。污点或附着的脏物可用一般美术橡皮擦除。

2.12.1 设计搭配

（1）防火板主要为平板，且装饰效果较弱，更适合用来装饰橱柜。

（2）防火板的花色可根据家居的整体风格来选择，如木纹适合自然风格，纯色适合简约风格等。

（3）如果阳面的阳台需要安装柜子类的家具，面层也可用防火板做装饰。

2.12.2 施工须知

（1）固定板材的钉子一定要进行除锈处理，或使用不锈钢钉。

（2）用于防火板的嵌缝材料应具有一定的柔性和膨胀性能。

（3）防火板每条边需多留 6mm 便于修边。

（4）施工时，基板的边和封边条的背面都必须涂胶。

2.12.3 常见问题

问题	开胶	开胶起泡
原因	由黏结不牢固所致	涂胶时涂布不均匀或未进行赶压，使空气留在胶中，在防火板粘贴完成后，就容易出现起泡现象
预防措施	在开胶处均匀涂好胶水，施加压力使其胶合，再用包裹软布的平整木块压紧即可	防火板贴合后需用流利条滚轮或抹布用力压匀，避免残余的空气留在里面。若贴完后发现起泡现象，可把起泡处用吹风机、熨斗等设备加热，之后再施加压力使其胶合，再用包裹软布的平整木块压紧即可

2.13 护墙板

材料特点

优点：装饰效果非常突出

缺点：不适合小空间

适用范围：客厅、餐厅、卧室

适用风格：古典风格、欧式风格、地中海风格、乡村风格

2.13.1 设计搭配

（1）护墙板适合用来装饰中式传统风格以及欧式、美式风格的居室。

（2）若觉得单独使用护墙板较单调，还可与墙纸、乳胶漆等组合设计。

2.13.2 施工方式

全覆盖施工

全覆盖施工有墙框两组合（简称落樘）、墙板墙裙两组合、墙板两组合（满墙板）、墙裙墙框上围裙组合、护墙板包柱与背景墙组合、护墙板罗马柱与背景墙组合、护墙板背景墙组合、护墙板与门窗洞套或垭口套组合等多种组合方式。

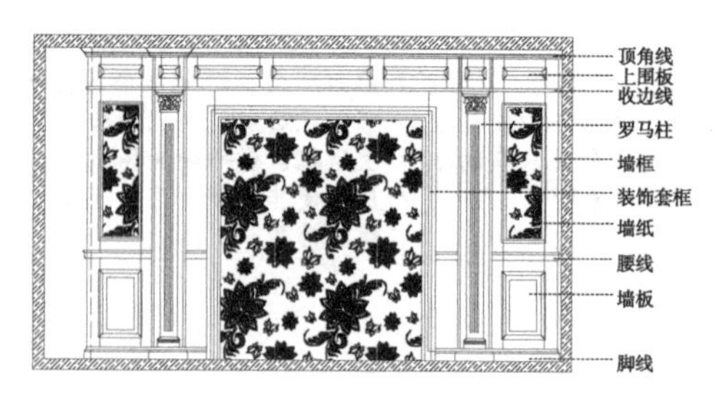

墙裙施工

墙裙一般适用于过道、楼梯墙、卧室以及阳角外露的墙面。它能很好地保护室内极易被破坏的墙面，墙裙高度一般为地面向上 95cm 左右，有特殊需求时也可将其加高。在安装墙板前应先做好墙面木工板基层（基层板为厚度 9~15mm 的多层板），墙裙要配“L”形盖头腰线，施工时应注意做好墙板收口。

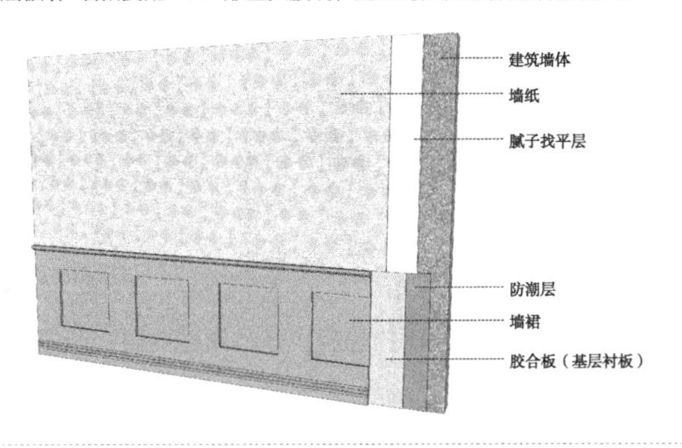

2.13.3 常见问题

问题	相邻板块高差大	顶条高低不平	接头不平
原因	基层不平	安装顶条前未进行检查	钉子过小、钉距过大和漏涂胶黏剂等
预防措施	安装前，墙面应铲平、清除浮灰，对不平整的墙面应用腻子批刮平整，测试平整度后方可安装	安装护墙板的顶条前，应拉线检查护墙板顶部是否平直，如有问题应及时纠正，然后再进行安装	固定踢脚板或压条的钉子尺寸不可过小；钉装间距一般不得大于 300mm；涂刷胶黏剂应均匀

2.14 风化板

材料特点

优点：具有粗犷的原始效果

缺点：怕潮湿，不适合厨卫空间；
质地较软，不适合地面

适用范围：家具，不适用于地面铺装

适用风格：所有风格均可

挑选技巧

◎ 看纹理。风化板经过钢刷的处理，凹凸纹理要更为明显一些，线条更为明确。

◎ 看合格文件。应购买有明确厂址、商标的产品，并向商家索取检测报告和质量检验合格证等文件。

◎ 看漆面。部分产品会预涂油漆，应注意观察油漆的厚度与渗透深度，油漆涂层过薄则需要施工时再次涂装。

保养窍门

最好选用纯棉织物作为抹布，用细软毛刷清除凹陷中的灰尘。经过油漆处理的物品，忌用酒精、汽油等溶剂擦拭污迹，可用无色上光蜡薄薄地涂匀，用棉布拭干，以减少落尘，并增强光泽。

设计搭配

（1）风化板适用于简约、新中式、日式、北欧等具有淳朴感和简约感的家居风格。

（2）山纹的风化板比较活泼一些，而直纹的则较为严肃，可根据家居风格搭配使用。

风化板装饰电视墙

风化板装饰背景墙

2.15 椰壳板

材料特点

优点：极具民族风情

缺点：价格偏高

适用范围：客厅、餐厅、卧室、书房

适用风格：东南亚风格

挑选技巧

◎ 看边线。经过整修打磨后，椰壳板的边线应整齐且平滑，厚度约为1cm。

◎ 看颜色。椰壳板的色彩一般是椰壳原有的棕色，或通过洗白技术产生的白色。由于椰壳不易吃色，因此如果出现其他颜色则可能是涂抹了大量油漆。

◎ 注意拼接工艺。由于每一片椰壳板都是由人工贴合上去的，所以会有不同的排贴纹理，并且每片间都会有凹凸不平的接缝。

保养窍门

平常用鸡毛掸子或干布将板材表面的灰尘清除即可，无须另外使用清洁剂或溶剂进行清洁，以免造成产品受损。

2.15.1 设计技巧

（1）椰壳板具有古朴感，适合用在中式风格和东南亚风格的家居中。

（2）椰壳板主要有三种色彩，大面积使用时，建议选用与整体协调的色彩。

椰壳板用于墙面、柜面及背景墙

2.15.2 常见问题

问题	椰壳板与基层固定不牢
原因	涂胶面积过小；胶液分布不均匀；施工面积大时未做加固处理；基层板面过于光滑与椰壳板粘贴力不足等
预防措施	粘贴施工时，涂胶面积需根据板块大小决定，若板块较大，则胶液应满布板材背面，并涂布均匀；若有需要，可用蚊钉枪于椰壳板隙缝或凹陷阴影处加强固定；施工前可先用粗砂纸将基层板打磨得粗糙一些，来增加基层板与椰壳板的黏合性

2.16 生态树脂板

材料特点

优点：耐久性好，可曲线成型

缺点：档次较低，封边易崩边

适用范围：墙面造型、隔断屏风、艺术灯具等

挑选技巧

◎ 用火烧。质量好的生态树脂板燃烧时有芳香气味，无黑烟。

◎ 看表面。质量好的生态树脂板刮划表面无划痕，图案清晰，具有高透光性。

保养窍门

用尘推或吸尘器清扫树脂板材表面。

2.16.1 设计搭配

（1）透明度可达 95%，重量只有玻璃的 1/2 且更安全，很适合替代玻璃制作隔断。

（2）用它装饰天花极具个性又美观，但所选花纹不宜过于花哨，面积也不宜过大。

2.16.2 施工方式

用生态树脂板装饰墙面时，适合选用插接式干挂施工，挂件按照孔位固定在树脂板背面。

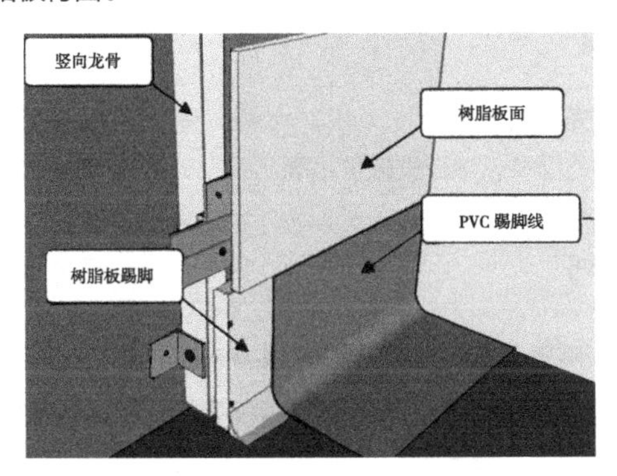

2.16.3 常见问题

问题	表面有污渍	表面不平整
原因	施工后未及时清洁	基层不平整
预防措施	如施工完成后，板材表面出现斑点或污迹，可用毛巾蘸取少量油性清洁剂轻轻擦拭	固定基层板时，需做好找平处理。固定完成后，表面应仔细打磨至干净、光滑、平整

2.17 UV 板

材料特点

优点：表面光滑高光

缺点：适用范围窄，做造型板价格高

适用范围：家具、界面装饰、门板、隔断等

挑选技巧

◎ 看厚度。测量厚度，UV 板越薄质量越差。

◎ 看外观。质量好的 UV 板表面有镜面般的效果，平整度好，无大颗粒，无明显刺激性味道。

保养窍门

用洁净的湿布或海绵蘸中性皂液或洗涤剂来清洁 UV 板表面，顽固的污渍可以用温和的硬毛刷配合膏状食用苏打和水清洁洗涤。

2.17.1 设计搭配

（1）UV 板光泽度非常高，用于墙面时建议小面积使用，否则易让人感觉过于晃眼。

（2）若喜欢光泽度较高的家具，就可以用 UV 板来饰面。

2.17.2 施工方式

铝合金固定法

做基层→钉脚线→铝合金阴角和铝合金工具条固定墙角→锯 UV 板→将 UV 板固定在阴角线和工具条之间

墙面胶安装法

做基层→锯 UV 板→将胶涂抹在 UV 板后面→粘贴到基层上→用填缝剂填缝

2.17.3 常见问题

问题	板块之间的缝隙不直	缝隙不美观
原因	由于没有提前弹线定位，致使安装时缝隙没有找准所致	由于施工时拼缝或填缝未做好所致
预防措施	此现象通常出现在墙面、柱面上。当 UV 板的板块尺寸较小、板块之间拼缝较多时，可在安装 UV 板前，先在基层上将分隔线弹出来，仔细检查精度，避免歪斜，然后再安装 UV 板	在进行拼缝处理时，针对不同类型的角可区别对待。阳角应制作反“V”字形的接缝，阴角或是正面时应制作“V”字形的接缝或是直缝。在进行填缝时，应注意手法，处理成 45° 角更美观

2.18 竹饰面板

材料特点

优点：生态、环保

缺点：价格相对较高

适用范围：客厅、餐厅、卧室、书房

适用风格：中式风格、东南亚风格

挑选技巧

◎ 看表面。表面细致均匀、色泽清晰、纹理美观，无死节等缺陷；面层与基材结合严密。

保养窍门

不能用腐蚀性很强的清洁剂来清洗板材，用沾湿的抹布擦拭即可。

2.18.1 设计搭配

（1）竹饰面板装饰墙面可如木纹饰面板一样使用，也可用作墙裙、护墙板等。

（2）竹饰面板具有东方特色，适合用来装饰中式和东南亚风格的家居。

2.18.2 施工方式

干挂施工

竹饰面板可以干挂施工，也可以胶贴，胶贴的方式多适用于薄竹皮饰面板。

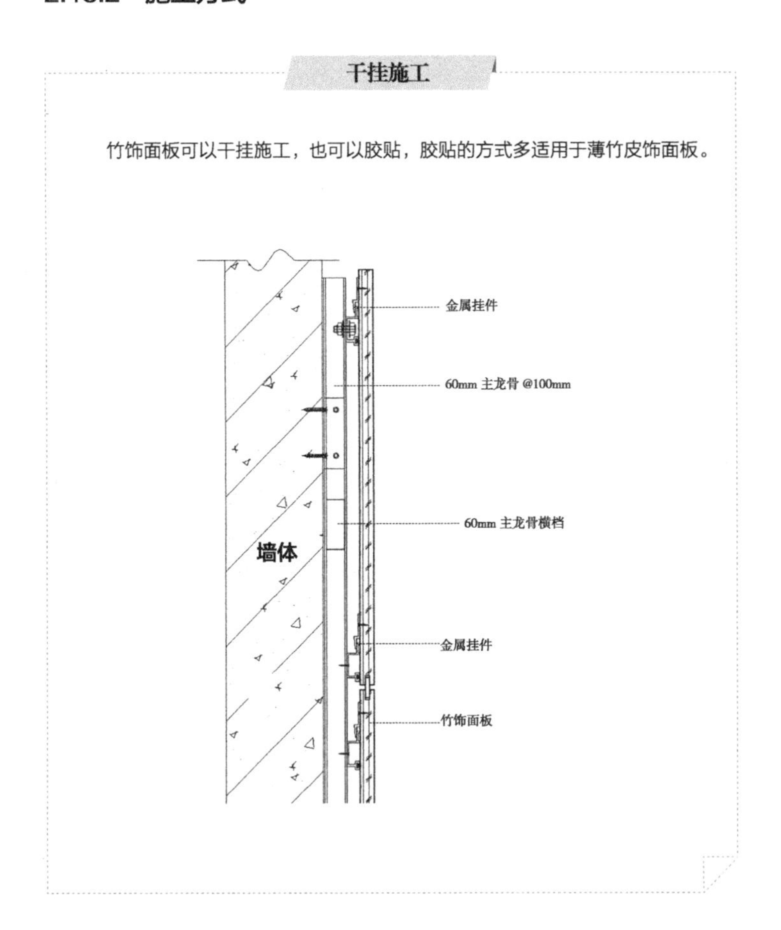

2.19　桑拿板

材料特点

优点：不怕水泡，不会发霉、腐烂

缺点：耐污能力差，易脏

适用范围：桑拿房、护墙板、卫浴间或阳台吊顶

挑选技巧

◎ 看外观。纹理清晰，无变形；板面干净，无杂物，节疤少，无异味，无虫洞，无死节。

保养窍门

在清洗桑拿板的时候，可以用中性清洁剂清洗。桑拿板具有良好的防腐性能，但是如果用腐蚀性过强的清洁剂清洗，还是有可能被腐蚀的。

2.19.1　设计搭配

（1）桑拿板可用来装饰卫浴间的墙面、顶面和地面，也可用来装饰自然风格家居的公共区墙面，做墙裙或护墙板使用。

（2）桑拿板适合使用白松或红雪松，不适合使用樟子松。

2.19.2 施工步骤

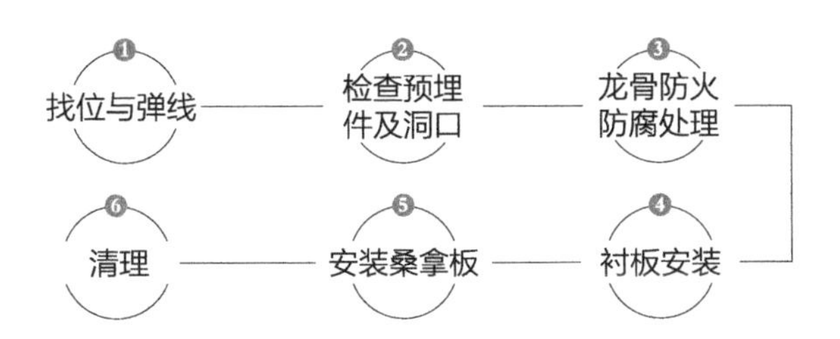

2.19.3 施工须知

（1）用在卫浴间顶面时，需刷两遍亚光清漆防潮。

（2）用桑拿板做吊顶时，水平线应找好，否则容易倾斜。

2.19.4 常见问题

问题	面层与基层空鼓	出现变形
原因	基层板上有油污等污渍或基层板不平整，未用射钉固定	由于材料本身问题或施工时操作不当所致
预防措施	小面积空鼓可增加射钉，大面积空鼓则要返工	可在背面开几条深2~3mm的十字槽，突出部位用电刨修到表面平直，在背面用胶粘贴，侧边用气钉枪加牢

2.20 炭化木

材料特点

优点：防腐及抗生物侵袭
缺点：质感相对较硬

适用范围：户外园林资材、家具、室内外地面

挑选技巧

◎ 看木材。不同原材的炭化木价格与风格效果也会有差异。当下，表层炭化木的原材多为美国花旗松，深度炭化木的原材多为樟子松。

◎ 测厚度。在购买炭化木时应尽量自己携带计算器与卷尺，以防不法商贩在尺寸上做手脚，买到厚度不足的炭化木。

◎ 看木油。合格炭化木都有与之配套的木油，炭化木在施工完毕后为了增加木材的抗紫外线性能必须刷木油。

保养窍门

清洁可用一般洗涤剂，工具可用刷子。

2.20.1 设计搭配

（1）在一些翻新的住宅中，如果卫浴间地面需要更换材料，可以用炭化木直接覆盖。

（2）炭化木具有粗犷的韵味，与鹅卵石、抿石子等材料搭配会更协调。

2.20.2 施工须知

（1）炭化木不宜直接接触水和土壤，必须涂刷户外木漆。

（2）深度炭化木握钉力下降，建议先打孔再安装。

（3）炭化木在室外使用时建议使用防紫外线的木材涂料，能更加有效防止木材褪色。

2.20.3 常见问题

问题	钉头有锈迹	切割板材时破损过多，导致损耗多
原因	使用的钉子不正确且没有做防锈处理；在潮湿的区域，补好钉眼后也容易出现锈迹，甚至出现脱落现象	由于所使用的炭化木未经挑选，木材本身节疤过多所致
预防措施	固定防腐木时应使用干壁钉，且每颗钉子都应涂刷防锈漆	为了将损耗范围控制在正常范围内，施工前应严把控材料的质量关，选材时应认真、仔细，尽量选择无节疤或少节疤的产品，若无法完全避免节疤，可根据施工尺寸留意一下节疤的位置，避免在裁切位置有节疤

2.21 吸声板

材料特点

优点：卓越的吸声性能
缺点：价格较贵
适用范围：有隔声需求的空间
适用风格：所有风格均可

挑选技巧

◎ 看防火性。如果安装吸声板的墙体需要耐高温，如厨房、车库等地方，则最好选择防火等级为 B1 以上的吸声板，以消除安全隐患。

◎ 比较厚度和重量。有些商家为了提高吸声板的隔声效果，不计后果地将吸声板加厚、加重。这样做会出现隔声效率变差、安装困难等问题。

常用参数

项目	参数	项目	参数
矿棉吸声板防潮性	≥ 95%	阻燃性	A 级
木质吸声板甲醛释放量	≤ 1.5mg/L	阻燃性	B1 级

2.21.1 设计搭配

（1）聚酯纤维吸声板不占空间，颜色种类多，可以做异形造型，应用范围较广。

（2）木丝吸声板外观独特，隔声性能好，纹理清晰粗犷，可以根据现场情况刷颜色。

2.21.2 施工方式

吸声板大致可以分为平贴、明龙骨、暗龙骨等安装方式。

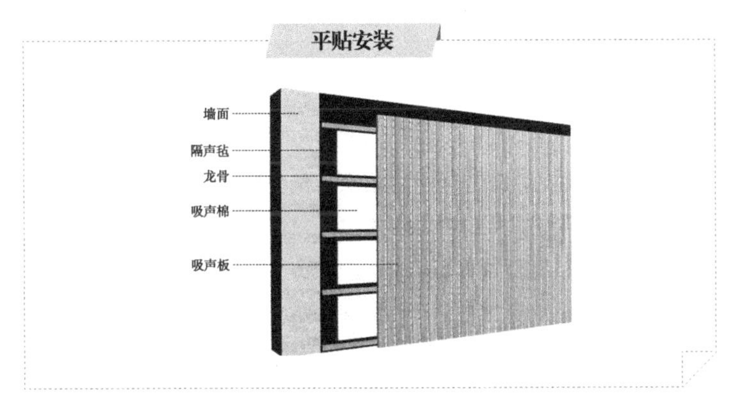

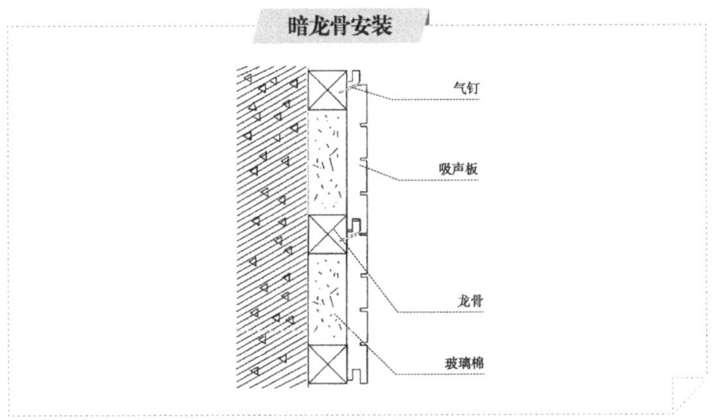

2.22 实木贴皮

材料特点

优点：具有原木效果，价格更低

缺点：要用到胶水，会有刺激气味

适用范围：客厅、餐厅、卧室、书房

适用风格：所有风格均可

挑选技巧

◎ 细看材质。材质紧密的木皮纹理细腻光滑，施工强度好，完工后的成品油漆耗材要少。反之材质粗松的木皮纹理光洁度不良，在施工过程中容易破碎，施工后的成品油漆耗材也多。

◎ 用手摸干湿。如果手能感觉潮湿，说明木皮的含水率较高，不适宜立即使用，需要干燥。如果用手掰折时容易碎裂，则说明含水率低。

2.22.1 设计搭配

（1）当喜欢某种珍贵木材的花纹但饰面板价格较高时，可以用实木贴皮来代替。

（2）实木贴皮表面无漆膜，若怕潮湿可用烤漆装饰防潮。

2.22.2 施工须知

实木贴皮厚度极薄，容易破裂，建议聘请专业人员进行施工。

第3章 涂饰材料

涂料通常是以树脂或乳液为主，有时添加颜料、填料，添加相应助剂，用有机溶剂或水配制而成的黏稠液体。它属于饰面材料的一种，施工简单，装饰效果出色，翻新容易，在室内设计中运用的频率非常高。

3.1 乳胶漆

材料特点

优点：防霉抗菌，色彩耐久度高

缺点：施工起来比较耗时

适用范围：所有空间均可

适用风格：可依据个人喜好调整颜色，刷出不同风格

挑选技巧

◎ 看包装。包装上印有商标、净含量、成分、环保标志等。

◎ 看成分。TVOC 每升不能超过 200 克；游离甲醛每升不能超过 0.1 克。

◎ 看延展性。提桶晃动，听不到声音。胶体比较黏稠，呈乳白色，无硬块，无异味。在手指上均匀涂开，结膜有一定延展性。

保养窍门

墙面若有脏污，可以用湿布或海绵蘸水，以打圈方式轻轻擦拭。

3.1.1 设计搭配

（1）经济型的装修，可用彩色漆装饰背景墙，其他墙面涂刷白色或接近白色的浅色漆。

（2）对于挑高空间和不容易翻新的区域，建议使用耐黄变的优质乳胶漆。

3.1.2 施工方式

喷涂

涂刷后无痕迹，但是比较费漆，现场污染较重。

刷涂

便于维修，操作简单。但漆膜厚度不易控制，且容易有刷痕。

辊涂

速度快，漆膜厚度均匀一致，但易有辊痕。

3.1.3 常见问题

问题	起泡现象	反碱掉粉	漆面流坠
原因	一是基层处理不当，二是乳胶漆涂层过厚	基层未干燥就潮湿施工，还可能是由于未刷封固底漆或漆液过稀所致	漆液稠度过低或涂层太厚
预防措施	施工时严格按照规范处理基层，尤其是腻子找平层；在使用前要搅拌均匀，掌握好漆液的稠度	施工中必须先刷一遍封固底漆，同时注意面漆的稠度应按照说明调和	施工中必须调好漆液的稠度，不能加水过多；操作时一定要勤蘸、少蘸、勤顺

3.2 木器漆

材料特点

优点：能够避免木质材质直接被硬物刮伤，出现划痕

缺点：硬度不够，很容易出现划痕

适用范围：木制家具、木地板等

挑选技巧

◎ 看外包装。带有质量保证书，包装印有生产的批号和日期；溶剂型木器漆包装印有 3C 标志。

3.2.1 设计搭配

（1）除了水性木器漆外，其他几种都属于油性木器漆。水性漆污染小，但硬度和装饰效果比油性漆差。当木工程较多时，可以在面层使用油性漆，提高耐磨度及美观性；内部使用水性漆，减少污染。

（2）木器漆常用的性能指标有耐水性、耐磨性、抗冲击度、耐黄变性等。在选择种类时，可以根据实际需求来选购合适的木器漆，如用于地板或客厅等公共区木饰面的木器漆，就需要漆的硬度和耐磨性能较好。

3.2.2 施工方式

面层施工

木器漆的施工形式从面层来看有清漆和混油两种。

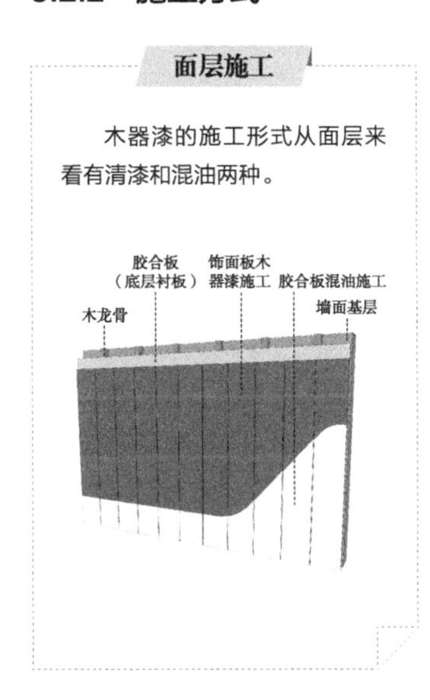

整体施工

木器漆的施工从整体来看有平面和立体两种类型，平面施工效果较为简约；立体施工适合现代风格或华丽风格的空间。

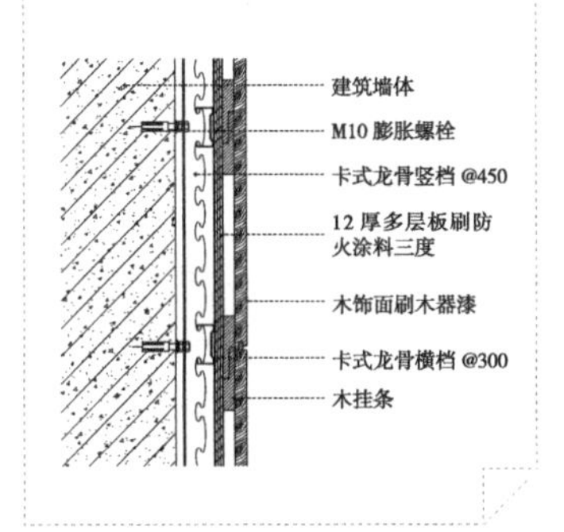

3.2.3 常见问题

问题	出现透底	漆膜发白
原因	一是漆搅拌不充分；二是漆的黏稠度过低；三是底漆和面漆的颜色相差过大	现场湿度过大、稀释剂挥发过快或稀释剂质量差
预防措施	搅拌漆时充分搅拌；调配好漆的黏稠度；底漆、面漆的颜色不宜相差太大	阴雨、寒冷天气或潮湿环境下，暂停施工；尽量使用厂家配套的稀释剂

3.3 硅藻泥

材料特点

优点：有效吸附甲醛等有害物质

缺点：容易受气候影响，易产生色斑等现象

适用范围：客厅、餐厅、书房、卧室、厨房

适用风格：美式风格、地中海风格

挑选技巧

◎ 观察颜色。正品色泽柔和，无刺眼的感觉。

◎ 看外观。无扎手或者掉粉的情况。

◎ 向墙面喷水。水分被吸收，无掉粉现象。

保养窍门

硅藻泥遇水容易还原，建议定期用吸尘器或鸡毛掸子进行清理。

3.3.1 设计搭配

（1）硅藻泥容易磨损，不适用于地面。用于墙面时，建议不要低于踢脚线的位置。

（2）硅藻泥的装饰效果主要依靠其技法，若追求个性化效果，则可选择夸张一些的技法。

3.3.2 施工方式

平光工法

用不锈钢镘刀批刮，效果类似乳胶漆。

喷涂工法

肌理效果比较单一，多为凹凸状肌理。

艺术工法

效果因工具和手法而异，没有固定性。

3.3.3 常见问题

问题	出现明显的色差	收光时不均匀	起皮、掉粉
原因	在施工过程中，没有自然、均匀地干燥，或色料搅拌不均匀	收光方法不对或材料加水比例错误	施工中开了门窗，风进入后使施工面干燥过快，形成一层硬壳，收光时就会出现起皮、掉粉等问题
预防措施	注意避免施工面受到阳光的直接暴晒；调色时应一边加水一边加料充分搅拌	收光时手法应正确，人字形密收2~3遍；水配比不能超过1：1	施工中不能敞开门窗，避免施工面受风直吹

3.4 艺术涂料

材料特点

优点：表达力强，可按照个人的思想进行设计　　适用范围：所有空间均可
缺点：价格偏高，施工难度高　　适用风格：所有风格均可

挑选技巧

◎ 放水中。将少许涂料放入水中，清澈无浑浊。

◎ 看外观。保护胶水溶液为无色或微黄色，表面无漂浮物，或有极少漂浮物。

保养窍门

若为矿物成分、灰泥成分，耐候性佳，则没有清洁的问题；如果是矿物涂料，修补时只需直接涂刷而不需将旧漆刮除。

3.4.1 设计搭配

（1）选择艺术涂料的纹理时，宜结合家居风格和房间的面积综合考虑。

（2）纹理比较夸张的艺术涂料，建议小面积地用在背景墙上，大面积使用易显得杂乱无章。

3.4.2 施工须知

多数种类的艺术涂料，小面积涂刷难以表现其特点，更多地用于背景墙或一整面墙的装饰。此时若觉得层次单调，则可搭配造型一起施工。以大块面直线条为主的造型，适用范围最广泛，可用石膏板做基层，做成门字框将艺术涂料包围起来；还可做成立体造型，底部暗藏灯光来加强艺术感。

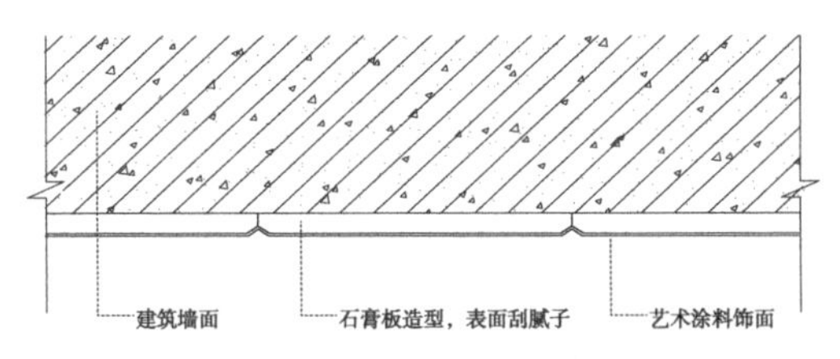

将艺术涂料用在沙发墙的中间部分，与四周的纯色木质墙裙和不锈钢条造型组合，时尚而又充满个性感

3.5 马来漆

材料特点

优点：质感润滑，可调制任意颜色，包括金属色

缺点：对施工要求较高

适用范围：客厅、餐厅、书房、卫浴间、阳台

适用风格：各种风格均可

挑选技巧

◎ 看外观。光泽柔和，既不强烈也不暗淡。

3.5.1 设计搭配

（1）马来漆时间久了易褪色，选色时可比预期中的深一度。

（2）马来漆纹理众多，适合各种风格的居室，根据风格特征选择色彩和图案即可。

3.5.2 施工须知

（1）批第一道漆时，每个图案之间的方向、角度不要重叠。

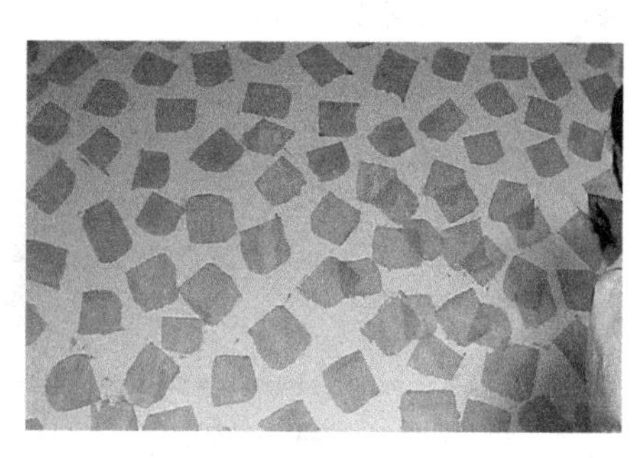

批第一道漆

（2）批第二道漆时，图案的边角不能与第一道漆的图案重叠。第二道漆完成后，应用500号砂纸打磨。第三道漆的图案应边批刮边抛光。

批第二道漆

3.5.3 常见问题

问题	图案看起来混乱	漆面光泽感不强	出现裂纹
原因	与施工手法有直接关系，当多人同时施工时，手法不同就容易使图案混乱	由于批第二道漆后打磨不仔细及最后抛光不仔细引起的	腻子质量不佳或底漆施工手法不当
预防措施	多人施工时，每个工人应用同一种手法，多人分开按照流程工序施工	严格按照施工要求操作，打磨和抛光要做到仔细、细致、到位	需选择符合质量要求的内墙专用腻子；涂刷底漆时应注意均匀、仔细，避免漏涂

3.6 灰泥涂料

材料特点

优点：容易打造复古感

缺点：没有明显纹理，效果较单一

适用范围：客厅、餐厅、书房、卫浴间、阳台

适用风格：美式风格、地中海风格

3.6.1 设计搭配

（1）灰泥涂料颜色不够强烈，建议在涂刷时与其他材料搭配。

（2）粘贴墙砖较麻烦或所在地区湿度较大时，可用灰泥涂料装饰。

石材与灰泥涂料搭配能够产生复古感

3.6.2 施工方式

刷涂

带有刷子的轨迹纹理，效果个性，速度慢，适合小面积

辊涂

基本没有印记，速度快，适合大面积

海绵拓印

不同手法塑造出不同肌理效果，非常个性化，适合小面积

3.6.3 常见问题

问题	涂刷面沾污	发生漏刷现象
原因	由于铁粉、水泥粉、沙尘等异物的附着，使涂层变脏、变粗糙	涂刷时不仔细，或者被涂物外形比较复杂时，就容易发生漏刷的现象
预防措施	刚涂刷完灰泥涂料的做好成品保护工作，选择适宜涂饰的天气，净化施工现场	严格按工艺标准施工，不得任意减少涂刷遍数；外形复杂部位，必须认真涂刷，不允许漏刷

3.7 真石漆

材料特点

优点：装饰性强，具有天然石材的质感

缺点：施工要求较高

适用范围：客厅、餐厅、玄关

适用风格：美式风格、古典风格、中式风格

常用参数

项目	参数	项目	参数
表干时间	2h（25℃）	实干时间	24h（25℃）
重涂时间	24h（25℃）	耗漆量	3~5kg/m^3（干膜厚度 2mm）
耐水性	浸泡 30d 涂膜无异常	耐碱性	15d 涂膜无异常
耐沾污性	罩面处理后 5 次循环≤1 级	耐久年限	15 年以上

3.7.1 设计搭配

真石漆装饰后具有天然真实的自然色泽，给人以高雅、和谐、庄重之美感，适合各类建筑物的室内外装修。

3.7.2 施工须知

（1）真石漆主材采用喷涂的方法施工，底漆和面漆可以喷涂，也可以用辊筒辊涂。

（2）底漆即为格缝的颜色，具有耐候性。每道工序施工时都需要在前一道工序彻底干燥后进行。

3.7.3 常见问题

问题	涂层不平滑	面层剥落
原因	漆液有杂质、漆液过稠或质量差	基底面处理不佳
预防措施	选择流平性好、质量佳的品牌；在最后一遍面漆涂刷前，需将漆液过滤后再使用；漆液调和不能过稠	基层必须平整、洁净，无裂缝、透水、长毛等问题，且干燥充分

3.8 多彩漆

材料特点

优点：仿真性强，具有立体感和多色装饰美感
适用范围：所有空间均可
缺点：缺乏凹凸质感
适用风格：所有风格均可

挑选技巧

◎ 看水溶。在储存一段时间后，多彩漆的花纹粒子会下沉，在表面会有一层保护胶水溶液。质量好的多彩漆，其保护胶水溶液呈无色或微黄色，很清晰；相反，质量差的多彩漆，其保护胶水溶液混浊。

◎ 看漂浮物。质量好的多彩漆，其保护胶水溶液表面没有漂浮物。

3.8.1 技术搭配

多彩漆色彩丰富，通过若干种基本颜色可调制出多种绚丽夺目的色彩，还可添加各种闪光材料使室内满堂生辉，有的一次性喷涂就可获得多种色彩的花纹。

3.8.2 施工须知

（1）基层处理时，要将基面污物、灰尘等附着物清除，使基面达到一致干燥平滑。

（2）底漆施工时，要填充空缝，封闭墙面碱性，改善层间结合，增强对基面的附着力。

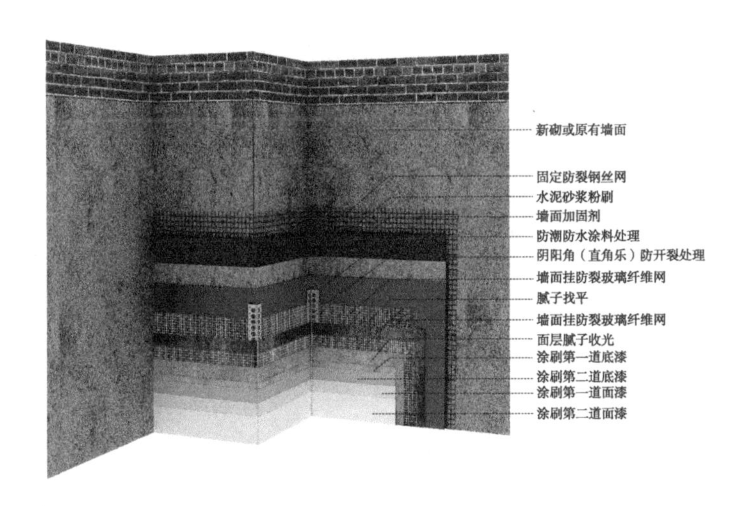

3.9 金属漆

材料特点

优点：拥有闪光感，装饰性好
缺点：价格较贵
适用范围：所有空间均可
适用风格：所有风格均可

常用参数

项目	参数	项目	参数
漆膜硬度	≥ 3h	附着力	（划圈法）1 级
耐冲击强度	50cm；柔韧性 1mm	涂膜耐冻融性	20 次不起泡、不脱落、无裂纹
耐水性	（常温）200h	使用温度	−40~140℃可正常使用

常见分类

一般有溶剂型金属漆和水性金属漆两种。

溶剂型金属漆

优点：易于干燥固化、化学亲和度强、透明度较高。
缺点：黏度过高时会影响流平性，黏度过低时易产生“流挂”缺陷。

水性金属漆

硬度高、耐划伤、附着力强、无毒、无味、无污染、无“三废”、成本低。

3.9.1 技术搭配

金属漆可以用来营造富丽堂皇的装饰效果，可以产生意想不到的惊人效果。

3.9.2 施工步骤

（1）基底封闭：用封闭底漆对基层进行全面封闭，加强漆膜与墙体之间的层间附着力。

（2）中间漆：根据方案不同选择合适的中间漆，施涂一道。

（3）金属漆：使用前充分搅拌然后喷涂上墙。

（4）罩光清漆：待金属漆干后，施罩光清漆。

（5）特殊饰面：可将基层处理成为橘皮状、浮雕状，以增强饰面的立体效果。

3.9.3 施工须知

（1）金属漆可采用辊涂、喷、刷等工艺，按配比混合后搅拌均匀，喷涂施工时视情况用金属漆专用稀释剂进行稀释。

（2）使用前将漆品充分搅拌均匀，用 F901 稀释剂调节黏度至适合施工，用专业喷枪连续喷涂。

3.10 书写涂料

常见分类

多用于教室、办公室、开放沟通区等墙面，可以将普通墙面变成超大的白板，让水性白板笔随意书写和擦拭。

纳米墙膜亚光涂料多用于会议室投影墙面。产品光泽度比高光涂料低，以达到投影屏幕的要求。

常用参数

项目	参数	项目	参数
防火等级	A2	防霉等级	0 级别
硬度	3H	反复擦洗	＞100000 次表面无任何损伤

3.10.1 设计搭配

高分子膜亚光产品可以用作投影屏幕，建议把投影机调成稍微向上的角度以避免投影区域的集中光斑。

3.10.2 施工须知

（1）必须在平整致密的乳胶漆表面施工，对于墙面底材有较严格要求。不宜在表面粉化严重、大面积空鼓、裂纹严重，坑洼不平的墙面上施工。

（2）施工后要迎光检查，在光线不足的情况下，应使用灯照射墙面，若发现光泽不均匀现象，应该适当补漆。

（3）高分子膜施工完毕 7 天后才能使用。

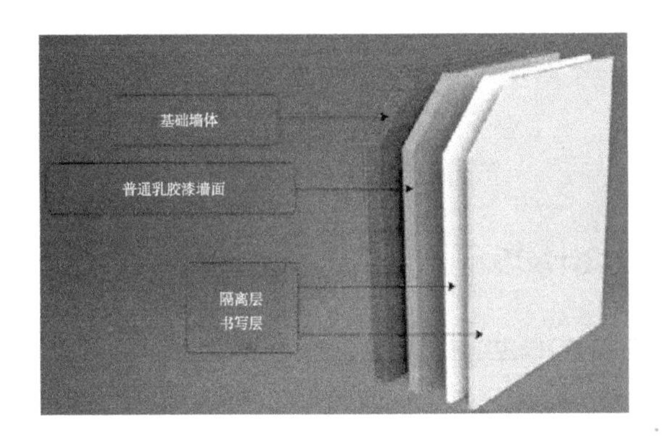

3.11 金银箔涂料

材料特点

优点：拥有高档感

缺点：生产技术不够发达，价格较贵

适用范围：客厅、餐厅、玄关

适用风格：奢华风格、古典风格

常见分类

水性金银箔涂料

适用于吸水底材，如石材、木材、石膏、水性腻子和水泥。

油性金银箔涂料

适用于金属、木器、瓷器、玻璃、树脂等。

3.11.1 设计技巧

金银箔也可以应用于其他装饰之中，除了金银箔的涂料，还有壁纸、马赛克、家具、装饰品及玻璃制品等，都可以贴裹上金银箔。

3.11.2 施工方式

墙顶面金银箔装饰施工

喷刷涂料前要清除工作表面的油污、脏物，保持工作表面清洁和干燥。使用前必须将金银箔涂料搅拌均匀，且应用在纯白底层上，效果会更好。涂料干膜厚度要求达到 0.1 mm。

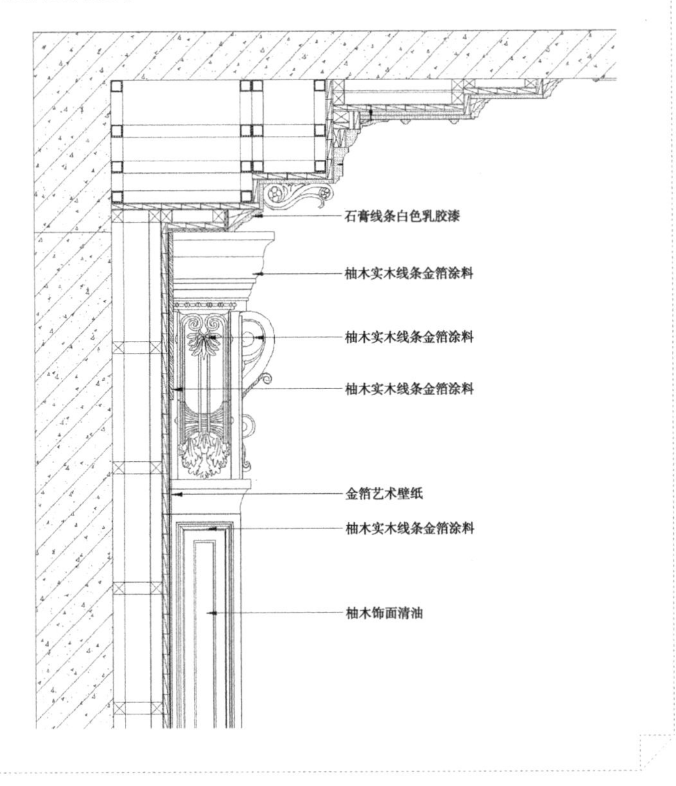

3.12 黑板漆

材料特点

优点：可在墙上书写记事

缺点：早期多为油性涂料，含甲苯成分，对人体有害

适用范围：客厅、餐厅、书房

适用风格：各种风格均可

挑选技巧

◎ 看外观。拿到黑板漆时，要注意罐身是否有破损或开裂。

◎ 注意成分。尽量选择水性的漆料，无甲苯成分，在使用上较为安全。

保养窍门

使用时尽量避免被尖锐物剐蹭，清洁保养时用湿布擦拭。

3.12.1 设计搭配

在家居空间中，可以在墙面或木材表面（如柜面、门片等）上使用黑板漆。由于黑板漆不需要混合或再添加其他成分，干燥后的完成面可用粉笔画图或写字，因此，可以在家居空间中打造出一个颇具趣味的区域。

3.12.2 施工方式

漆面施工

黑板漆墙面的一般构造做法是，先在墙面上用水泥石灰砂浆打底，再做水泥、石灰膏、细黄沙粉面两层，总厚度 20mm 左右，最后刷油，一般油漆至少涂刷一底两面。

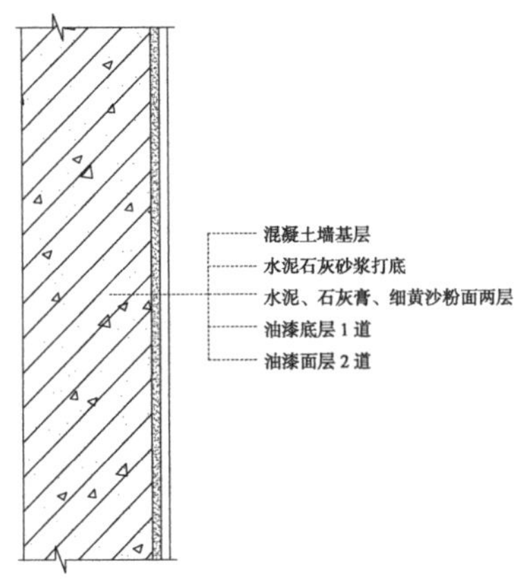

3.12.3 常见问题

问题	表面凹凸不平
原因	基层有灰尘颗粒
预防措施	被涂面上必须将杂物清除干净，宜使用滚轮涂刷

3.13 仿清水混凝土涂料

材料特点

优点：有清水混凝土一样质朴自然的高级艺术效果

缺点：价格偏高

适用范围：所有空间均可

适用风格：现代风格、工业风格、北欧风格

挑选技巧

◎ 看实景。此类涂料无法就其本身判断好坏，只有找厂家查看他们亲自做出来的实景才比较有保障。

◎ 看品牌。尽量选择大品牌，这样比较有保障。

3.13.1 设计搭配

墙面利用仿清水混凝土涂料加工，就能拥有仿清水模的效果，在提高施工效率的同时节省成本。

3.13.2 施工须知

（1）墙面、吊顶应基本干燥，基层含水率不得大于 10%。

（2）过墙管道、孔洞、阴阳角应提前处理完毕，并确保墙面干燥。

（3）检查管线粉刷及新旧粉刷层交界处有无裂缝，如有裂缝则需做防裂处理，确认合格后才能进行下一道工序。

3.13.3 常见问题

问题	喷涂弹点不均匀	漆膜被划伤
原因	喷枪气压不正常，涂料搅拌时间短或加水比例错误	未做好墙面保护或多工种交叉施工，漆膜就容易被划伤
预防措施	施工前检查喷枪气阀；涂料应搅拌 15min 以上；水配比应达到 1∶1	施工完成后做好墙面保护，若多工种交叉施工则需安排好顺序，其他工种施工时尽量远离墙面

3.14 甲壳素涂料

✂材料特点

优点：可吸附甲醛

缺点：功效仅能维持 2~3 年

适用范围：所有空间均可

适用风格：所有风格均可

3.14.1 设计搭配

（1）若担心甲醛问题，可用甲壳素涂料来代替乳胶漆。

（2）涂装家具表面若担心硬度不够，则可涂刷摩擦较少的内部。

3.14.2 施工须知

（1）墙面施工，要先批土，再大面积喷涂 2~3 次；涂刷家具一道即可。

（2）若想延续其功效，3 年左右需重新涂刷一次。

第 4 章 装饰玻璃

玻璃是以石英砂、纯碱、长石和石灰石等为主要原料，经熔融、成型、冷却固化而制成的非结晶无机材料。它具有一般材料难以比拟的高透明性。随着物质生活的提高，人们对室内设计个性化、艺术化的追求在不断提升，玻璃因其使用的多样性越来越受到国内外设计师的喜爱。现今，玻璃已不仅仅是一种采光材料，更是现代建筑具有代表性的一种结构建材和装饰建材。

4.1 烤漆玻璃

材料特点

优点：颜色变化多，选择性多

缺点：在潮湿的环境下容易脱落

适用范围：景墙、围栏、柱面等部位的装饰

挑选技巧

◎ 看色彩。好的烤漆玻璃色泽明亮、纯净、均匀，亮度好，正面无明显色斑。

◎ 看背面。好的烤漆玻璃，其背面漆膜非常光滑，没有或只有很少的颗粒突出，没有油漆“撕裂”的痕迹。

保养窍门

应避免用湿抹布擦拭门板表面，否则漆膜的完整性可能会受损，漆膜可能会开裂，特别是在过度潮湿的环境中。当整个柜门板表面有油烟和油渍时，可用清洗剂擦拭，也可用洗涤剂：水 =1：10 的干净棉布擦拭。

4.1.1 设计搭配

（1）烤漆玻璃不仅可用在墙面、背景墙等部位，还可与石膏板造型结合，用来丰富顶面的层次。需要注意的是，宜使用实色系列，且使用面积不宜过大，否则容易让人产生晕眩感。

顶面的黑色烤漆玻璃在与墙面超白镜呼应的同时，也丰富了顶面的层次感

（2）烤漆玻璃的适用范围比较广，不仅适用于简约、时尚等现代风格，也同样适用于新中式、简欧等风格。当需要强化其现代感和时尚感时，可使用金属材质与其组合设计。

黑色烤漆玻璃叠加中式造型的金属条，将现代和古典完美地融合

4.1.2 施工方式

墙面施工

墙面施工除了可采用压条和粘贴固定外，还可采用干挂法和嵌钉法来固定。干挂法需配合不同的干挂件、玻璃框架型材安装，适合大面积的烤漆玻璃安装；嵌钉法需先在衬板或墙面上钻孔埋膨胀管，然后用镜钉固定玻璃。

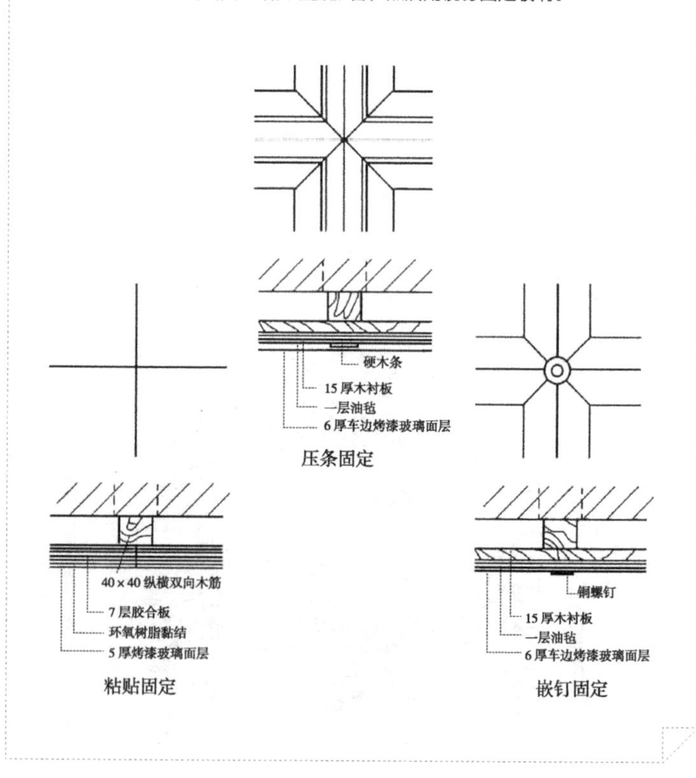

顶面施工

装饰顶面的烤漆玻璃每一块的面积不宜超过 1m²，厚度不宜大于 6mm，否则会有掉落的危险。

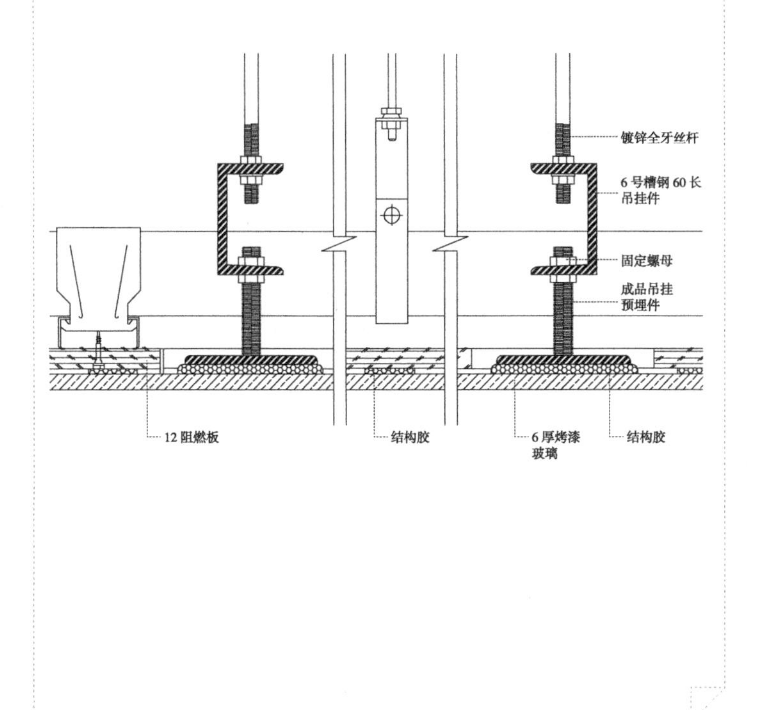

4.2 玻璃砖

材料特点

优点：可以选择不同清晰度和透明度

缺点：价格较贵

适用范围：墙面、隔断等

适用风格：现代风格、简约风格、北欧风格、工业风格

4.2.1 设计技巧

（1）小户型用玻璃砖做隔断既能分割空间，又能保持室内的通透感。

（2）将玻璃砖规则地点缀于墙体之中，可以消除墙体的呆板之感。

（3）采光差的复式或 Loft，可使用玻璃砖装饰地面或天花，实现光线共享。

玻璃砖作为隔断使用

玻璃砖装饰墙面

4.2.2 施工须知

（1）玻璃砖应砌筑在配有两根钢筋增强的基础上。

（2）基础的高度应小于 150mm，宽度应比玻璃砖厚度多 20mm 以上。

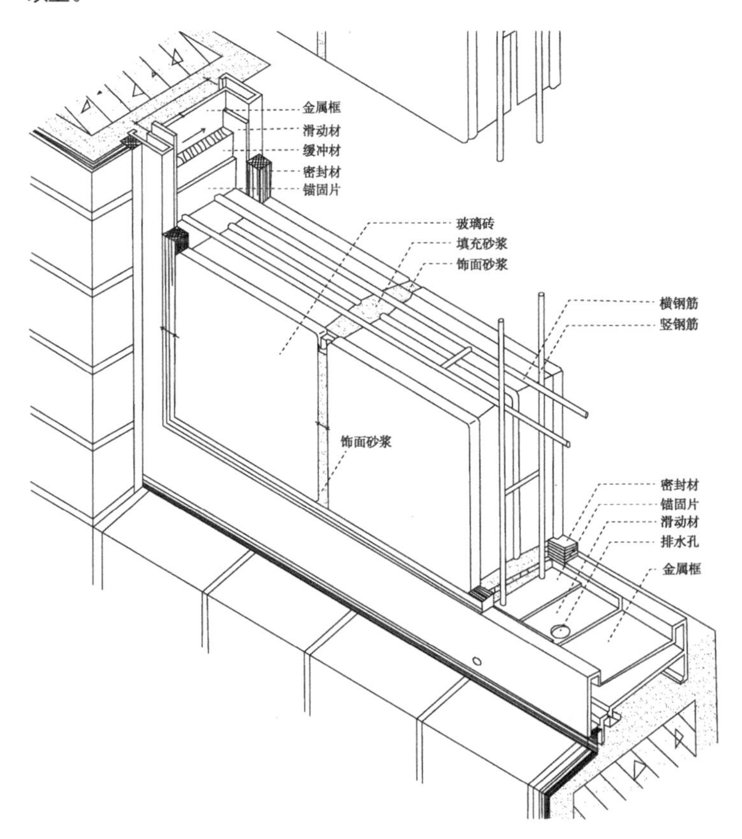

4.3 钢化玻璃

材料特点

优点：强度高，更安全

缺点：钢化后的玻璃不能再进行切割

适用范围：门窗、玻璃幕墙、室内隔断、采光顶棚、家具等

挑选技巧

◎ 看色斑。戴上偏光太阳眼镜观看玻璃，钢化玻璃应该呈现出彩色条纹斑。在光下侧看玻璃，钢化玻璃会呈现发蓝的斑点。

◎ 看弧度。观察钢化玻璃较长的边，会有一定弧度。把两块较大的钢化玻璃靠在一起，弧度会更加明显。

◎ 仔细观察面层。选购钢化玻璃时，仔细观察面层，可以看到黑白相间的斑点，观察时注意调整光源，可以更容易观察到。

保养窍门

钢化玻璃也是一种玻璃材质，所以也要防止热胀冷缩的情况出现，平时在使用的时候要保证热度的均衡。

4.3.1 设计技巧

（1）需要光线通透且要求隔音的空间时，可以使用钢化玻璃设计隔断。

（2）如果钢化玻璃隔断或推拉门间隔的空间有隐私需求，则可再加一层线帘。

（3）玻璃钢化后厚度会变薄，若购置玻璃自行钢化，则需选择比计划厚度厚 2~3mm 的规格。

4.3.2 施工方式

玻璃幕墙施工

玻璃幕墙按构造可分为有框幕墙和无框（全玻璃）幕墙两种类型。玻璃与骨架之间必须嵌固弹性材料和胶结材料来增加弹性，以避免玻璃发生破损现象。一般采用塑料垫块、密封带、密封胶条等。但对于隐框式玻璃，则是使用结构胶使其与骨架粘贴固定的。

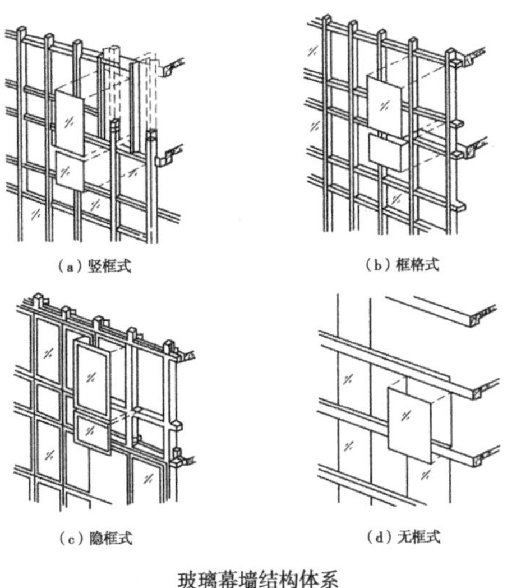

玻璃幕墙结构体系

4.4 喷砂玻璃

材料特点

优点：图形、图案选择较多

缺点：手感比较粗糙

适用范围：室内隔断、装饰、屏风、家具、门窗等

挑选技巧

◎ 对比样品。喷砂的深度与样品相符合，图案的造型与样品或效果图相符合，肌理、纹理与样品或效果图相符合。

◎ 观察细节。选购时应注意玻璃表面细节的唯美性，不能有瑕疵，如气泡、夹杂物、裂纹等。从侧面看不能有任何弯曲或不平直的形态。

保养窍门

在喷砂玻璃上撒些小苏打粉，再用硬毛板刷蘸水刷，就能去除污渍。

4.4.1 设计技巧

（1）在公共区域，喷砂玻璃适用在需要分区但又不完全封闭的位置，如餐厅和客厅之间。

（2）如果卫浴间面积很小，就可以用喷砂玻璃隔断内部或装饰门，透光但不见人影。

4.4.2 常见问题

问题	玻璃漆面脱落	拼缝不严
原因	在墙面含水量多的情况下，基层未做防水层，就容易出现漆面脱落的情况	两块玻璃之间的缝隙不严密，主要是由于施工手法不当所致
预防措施	在施工时，基层或背板应按照要求进行防水处理	可以在两块玻璃的缝隙处打胶，或更改设计方案，在缝隙处增加不锈钢卡条来掩盖缝隙

4.5 琉璃玻璃

材料特点

优点：集装饰性和收藏价值于一身

缺点：面积都很小，价格较贵

适用范围：客厅、餐厅、玄关、卫浴间

适用风格：所有风格均可

挑选技巧

◎ 看图案。表面的刻花流畅、清晰；色彩或图案符合定制要求，色彩亮丽、无浑浊感。

◎ 观察边角。边角平直、顺滑，无明显杂质、气泡等缺陷。

保养窍门

宜用纯净水擦拭，若使用自来水，则需静置 12 小时以上，保持琉璃玻璃表面的光泽与干净，切不可沾上油渍异物等。

4.5.1 设计技巧

（1）琉璃玻璃可复古可华丽，但总体来说更适合东方风格的家居。搭配灯光组合设计，可使琉璃玻璃的华美和梦幻感更强。

（2）从装饰性和经济角度考虑，琉璃玻璃更适合做点缀装饰。

（3）常规琉璃玻璃的尺寸都比较小，建议以玻璃尺寸为基础进行设计。

4.5.2 施工须知

（1）根据图案或色彩的设计，在施工前需进行预排。施工完成后，应及时将玻璃清理干净，以免影响效果。

（2）琉璃玻璃无法切割，定制时应确定好尺寸。

4.5.3 常见问题

问题	安装在门窗上的琉璃玻璃，开关时晃动	粘贴的玻璃翘起
原因	没有安装减震垫，打胶或橡胶条安装不够紧密，框扇不牢固等	基层墙面不做任何防潮处理，在使用胶黏法时，若潮气过大，胶受潮后发生质变，易导致玻璃翘起
预防措施	门窗上的玻璃，安装时内外两侧可留出至少2mm的间隙，用来安装减震垫；使用橡胶条时，需注意其尺寸应与凹槽尺寸相匹配，打胶时应饱满；安装玻璃前应先检查框扇的牢固度，无问题后再安装玻璃	墙面施工时，需对基层做好防潮处理，然后再安装琉璃玻璃

4.6 彩绘玻璃

材料特点

优点：可逼真地对原画进行复制

缺点：容易掉色，时间保持不长久

适用范围：背景墙、吊顶、隔断、门、窗

挑选技巧

◎ 看外观。绘出的图案线条清晰、无伤痕、色彩鲜艳、立体感强、透光性能佳，但并不透明。

保养窍门

不可以用含有氯的清洗剂，否则非常容易对玻璃的色彩层造成伤害，当然也不宜用钢丝球等硬度很高的刷子刷洗，否则会直接刮落色漆。

设计搭配

彩绘玻璃的图案可定制，如复制山水、风景画用于玄关、客厅等位置，能够将大自然的生机与活力移入室内，很适合面积较大的住宅。

4.7 雕刻玻璃

材料特点

优点： 质感较好，更有创意个性

缺点： 表面凹凸不平，容易积灰

适用范围： 背景墙、隔断、门、窗、装饰工艺品等

适用风格： 所有风格均可

保养窍门

可以用软布加清水的方式进行擦洗，但是不可以使用具有酸性的清洗剂，因为酸性清洗剂会对玻璃造成伤害。

4.7.1 设计搭配

（1）雕刻玻璃的花色应与家居整体风格相呼应。

（2）大幅面的雕刻玻璃装饰效果更出色，但适用于别墅等大户型。

4.7.2 常见问题

问题	墙面玻璃歪斜	安装后的玻璃不整洁
原因	由于安装前未弹线或找平不仔细所致	由于安装前和安装后未清洁所致
预防措施	背景墙施工前，应用水平仪找平，并在墙面弹线做安装标准	在安装前，应对其进行彻底的清洁；安装时需佩戴手套操作；安装完成后，应对其进行二次清洁

4.8 压花玻璃

材料特点

优点：透光不透明

缺点：表面不均匀，容易留垢

适用范围：室内隔间、门窗、卫浴间

适用风格：现代风格、简欧风格、简约风格

挑选技巧

◎ 看表面。花纹清晰、顺畅，无夹杂物、气泡、褶纹，无伤痕和裂纹。

保养窍门

如果压花玻璃表面有大量灰尘，可以用湿布擦拭。

4.8.1 设计搭配

（1）压花玻璃不适合做墙面装饰，更适合做功能性玻璃，如隔断、门玻璃等。

（2）压花玻璃不仅有透明款式，还有彩色款式，选择色彩款式时宜与家居风格和家具色彩相协调。

4.8.2 施工方式

无框砌筑法

玻璃砖墙无框砌筑法即为不使用边框的一种施工方式，具体操作步骤为：计算洞口尺寸；设置预埋件（土建施工）；洞口基础找平；调配专用砂浆；焊接专用钢筋支架、玻璃砖砌筑；砖缝勾缝；砖缝表面涂料活密封胶（与钢框连接处）。

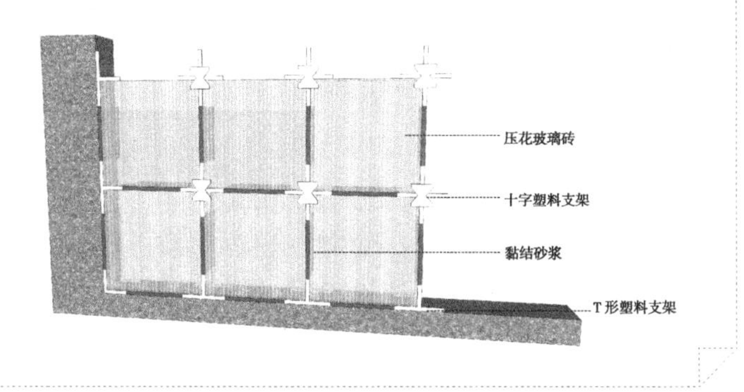

4.8.3 施工须知

（1）施工时如果室内外温差较大，则应等室外温度与室温接近后再进行安装。

（2）裁切玻璃应按照图纸仔细进行，拼缝必须吻合，不能出现错位、松动和斜曲等缺陷。

（3）玻璃镶嵌后，用手轻敲玻璃，响声应坚实。如果响声空，则说明油灰不严，要卸下玻璃重新抹灰。

（4）如采用木压条固定，则应先涂一遍干性油，同时玻璃不能压得过紧。压花玻璃的花面应朝外。

4.9 镶嵌玻璃

材料特点

优点：可随意与其他玻璃组合

缺点：价格较贵

适用范围：所有空间均可

适用风格：古典风格、奢华风格

挑选技巧

◎ 看表面。表面清洁，无划痕，无锈蚀，金属部分表面光滑不变形。

◎ 观察图案。图案符合设计要求，尺寸无明显偏差，边角平直、顺滑。

保养窍门

先用毛巾将玻璃框擦干净，再用玻璃刮蘸稀释后的玻璃水溶液，均匀地从上到下涂抹玻璃，再重复以上工序。用玻璃刮从上到下刮干净，再用干毛巾擦净框上留下的水痕。玻璃上的水痕一定要用玻璃刮擦干净，否则将会在玻璃上留下一道道痕迹。

设计搭配

（1）总体来说，镶嵌玻璃更适合于欧式风格的家居。

（2）若想强化家居中的华丽氛围，可用镶嵌玻璃装饰部分门扇或隔断。

（3）彩色镶嵌玻璃与边框组合，效果会更协调。例如挖空隔墙，将玻璃镶嵌进去，犹如一幅画一样。

彩色镶嵌玻璃隔断墙

本色镶嵌玻璃门扇

4.10 彩色镜片

常见分类

家装常用的彩色镜片有黑镜、灰镜、超白镜、茶镜和彩镜等。

黑镜

色泽神秘、冷硬，非常个性
使用面积不宜过大
适合现代、新中式、简约风格的家居

灰镜

特别适合搭配金属使用
即使大面积使用也不会过于沉闷
适合现代、新中式、简约风格的家居

超白镜

给人温暖的感觉
适合搭配木纹饰面板使用，可用于各种风格的家居

茶镜

反射率最高，既彰显个性又展现华丽，适合各种风格的家居

彩镜

有红镜、紫镜、酒红镜、蓝镜、金镜等
可用来点缀局部，不同色彩适合不同风格

挑选技巧

◎ 看表面。镜片表面光滑，无任何缺陷。

◎ 看色彩。彩色镜片的色彩均衡。

◎ 看尺寸。边角平直，尺寸无明显偏差。

4.10.1 设计搭配

（1）用彩色镜片装饰家居空间，可增加空间的时尚感和华丽感。

（2）彩色镜片特别适合室内面积不大或本身存在着一定建筑缺陷的空间，例如梁、柱比较多的建筑空间。

（3）反射效果强烈的类型不适合大面积使用彩色镜片，否则易使人感觉混乱。

4.10.2 施工须知

（1）比较干燥的墙面，可以用中性矽利康作为黏结剂固定镜片。

（2）有的基层材料不适合直接粘贴镜片，包括轻钢龙骨架的天花板、发泡材质、硅酸钙板以及粉墙。

（3）不能粘贴施工时，可以用广告钉等固定。

（4）若直接将彩色镜片粘贴在浴室墙面上，则应特别注意基层的防水。

（5）将彩色镜片贴在柜子上时，柜体表面不能使用酸性涂料。

4.11 U型玻璃

材料特点

优点：能实现复杂的曲线美
缺点：价格比较昂贵
适用范围：内外墙、隔墙、窗

常用规格尺寸

部位	规格尺寸
厚度	6mm、7mm
翼高	41mm、600mm
底宽	260mm、330mm、500mm

4.11.1 设计搭配

（1）由于非光面U型玻璃的透光不透视性能，将其运用于墙体时，可在保持室内私密性的同时产生柔和的光线漫射效果，使室内照度更为均匀，避免了阳光直射引起的不适。

（2）U型玻璃特殊的断面形式及比例在立面上形成了特殊的条纹状肌理，不同的表面处理和色彩又形成不同的朦胧透光效果。

4.11.2 施工方式

U 型玻璃的安装一般由厂商提供专用配套型材和固定卡具等，根据其断面受力特点，一般沿竖直方向安装，但偶尔也有追求横向纹理设计成水平向安装的。

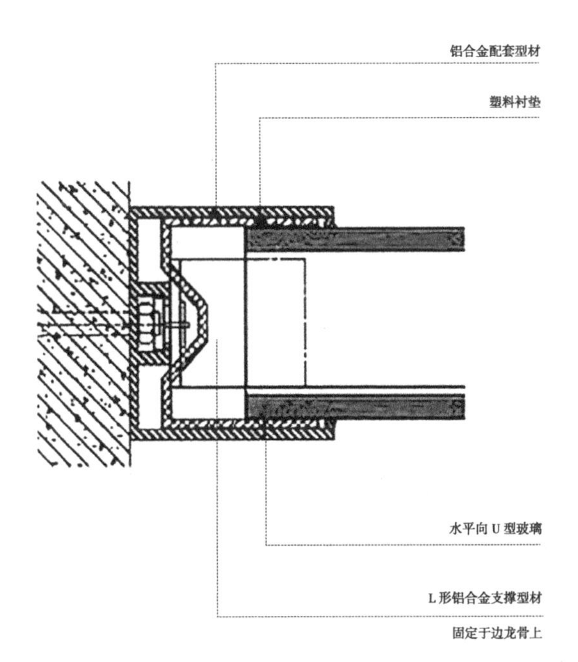

水平向 U 型玻璃墙体水平墙面

4.12 夹层玻璃

材料特点

优点：即使碎裂，碎片也会粘在薄膜上

缺点：被水浸透后，玻璃表面模糊

适用范围：客厅、餐厅、卫浴间、玄关

适用风格：所有风格均可

挑选技巧

◎ 看标志查证书。选购产品时首先要查看是否有3C标志，并根据企业信息、工厂编号或产品认证证书等通过网络查看购买的产品是否在该企业已通过强制认证的能力范围之内，认证证书是否有效。

◎ 看外观。不应有裂纹、脱胶；爆边的长度或宽度不应超过玻璃的厚度；划伤和磨伤不应影响使用。

保养窍门

日常清洁时，用湿毛巾或报纸擦拭即可。如遇污迹可用毛巾蘸啤酒或温热的食醋擦除，另外也可以使用目前市场上出售的玻璃清洗剂，忌用酸碱性较强的溶液清洁。

4.12.1 设计搭配

（1）卫浴间内边缘不能暴露，否则容易脱胶。

（2）可定制设计，夹层可进行创意设计。

4.12.2 施工方式

背景墙施工

施工方式可根据夹层玻璃面积的大小和设计需求选择，可采取压条固定、粘贴固定、镜钉固定等形式，或者也可将其中的两种施工方式结合使用。

隔断施工

夹层玻璃隔断施工分为有框和无框两种类型。有框的安装较为便捷且更安全一些，是在顶面、地面或墙框内先固定框架再将玻璃安装在框内的一种方式；无框玻璃隔断适合安装面积较大的玻璃，需要与吊顶配合通过顶部吊件固定。

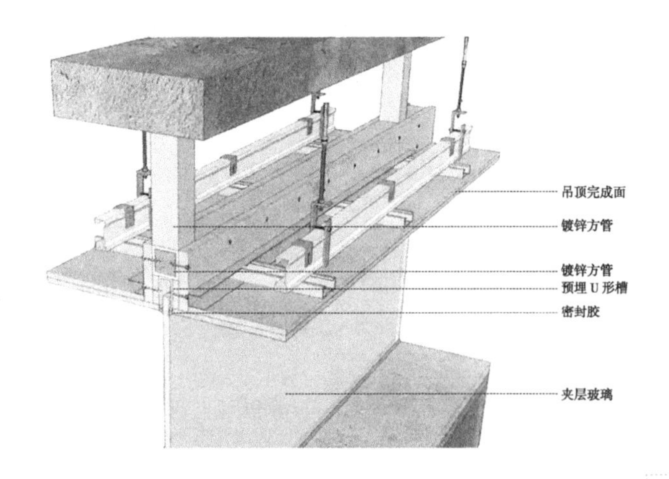

4.13 调光玻璃

材料特点

优点：能随时控制玻璃的透明或不透明状态

缺点：施工有一定难度

适用范围：客厅、餐厅、玄关、阳台

适用风格：所有风格均可

挑选技巧

◎ 检查透光性。把手掌放在玻璃背面，在断电状态下，从正面去看背面的手掌，可见其模糊的影像，但不应看到手掌的指纹；把一物体放在距正面玻璃 3cm 处，在两边光线均衡且非一面背光一面强光的情况下，从反面看，以看不到该物体为佳。

常用参数

项目	参数	项目	参数
透光率	断电时＜ 2%~3%；通电时＞ 76%	环境湿度	≤ 85%（储存温度 −20~ 60℃）
工作温度	−10~50℃	可视角度	约 140°
平均能耗	每平方米约 5W/h	玻璃厚度	5.5~40.5mm（夹层厚度 1.5mm）

4.13.1 设计搭配

（1）利用调光玻璃分隔房间，改善空间布局，既能增加光亮调节自由度，又能保证不同区域的私密性，会得到意想不到的效果。

（2）作为小型家庭影院的幕布使用，将幕布和屏风有效结合。

（3）在选用安全电压的前提下，将调光玻璃作为浴室和卫生间的隔断，不仅使布局敞亮，又能很好地保护隐私。

调光玻璃使用效果

4.13.2 施工须知

（1）制作框架需确保玻璃安装在一个平面上并垂直于地面，框架内壁四周边缘口处粘橡胶条。

（2）安装调光玻璃时应注意要安装一块固定一块，如安装多块调光玻璃，则需调整玻璃间隙在3~5mm，使间隙整体一致。

4.14 超白玻璃

材料特点

优点：玻璃的自爆率低

缺点：科技含量相对较高，生产控制难度大

适用范围：高档玻璃家具、装饰用玻璃、仿水晶制品、灯具玻璃等

设计搭配

超白玻璃可像其他浮法玻璃一样进行各种深加工，如钢化、弯曲、夹胶、中空装配等。超白玻璃优越的视觉性能，将大大提高这些加工玻璃的功能和装饰效果。

国家大剧院表面由多块超白玻璃巧妙拼接

第 5 章 裱糊材料

裱糊材料就是以纸、布等为基底制作，并用粘贴的形式施工的一类装饰材料。此类装饰材料具有色彩多样、图案丰富、安全环保、施工便利快速等其他室内装饰材料无法比拟的特点。裱糊材料不仅可以美化居住环境，满足使用的要求，还可对墙体和顶棚起到一定的保护作用。随着使用率的不断增加，其种类和款式也越来越多。

5.1 墙布

材料特点

优点：没有气味，环保性佳

缺点：花纹的样式比墙纸少

适用范围：客厅、餐厅、书房、卧室

适用风格：美式风格、乡村风格、古典风格

挑选技巧

◎ 看表面。表面无色差、皱褶和气泡，无断头和印刷不完整等现象。

◎ 用手摸。触摸时薄厚一致，无任何异味，湿巾擦拭无掉色现象。

保养窍门

当灰尘较多时，也可以用半湿的干净毛巾做适当的清洁。发现污渍时要及时用专门的清洗剂进行清洁。

5.1.1 设计搭配

（1）墙布的花色比墙纸少，但因其面层或整体为针织布料，所以比墙纸柔软性高，在使人倍感舒适之余还能有效地减少因不慎磕碰造成的伤害，尤其能有效地保护墙面及阳角，特别适合人口多的家庭。

（2）墙布的纹理制作方式有一定的限制，选择范围比墙纸小。总体来说，无任何花纹的款式是最百搭的，而印花、提花等款式，则需要根据室内风格选择适合的纹理。如欧美风格的家居，可选择欧式代表性的大马士革玫瑰纹和佩斯利纹等。

5.1.2 施工方式

冷胶施工

需先将墙布胶或者环保糯米胶涂刷到墙壁上，等水分蒸发后形成黏性，再进行墙布铺贴。此方法技术成熟，但单人施工较困难，容易出现起泡、空鼓等问题。

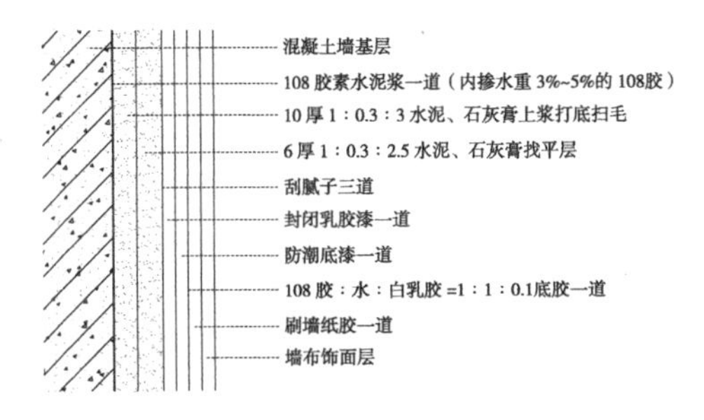

热胶施工

用专业热烫及熨烫操作即可完成裱糊。此方法不污染墙布表面和室内其他物体，不起皱，边角平直，但对施工人员水平要求高，成本高，晒到太阳的地方容易溶胶、起鼓。

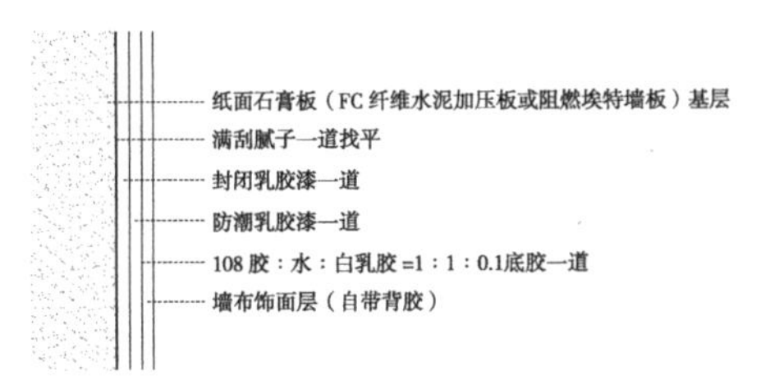

5.2 无缝墙布

材料特点

优点：无接缝，避免翘边

缺点：价格较贵，损耗较大

适用范围：所有空间均可

适用风格：所有风格均可

常见分类

普通款：无特殊功能，突出特点是无缝；其他特点与普通墙布类似

多功能款：带有特殊功效的墙布；具有阻燃、防霉、防水、防静电等功效

挑选技巧

◎ 摸厚度。用手摸一摸，感觉其各个部分的厚度是否一致，手感是否舒适。

◎ 看外观。看表面有无色差、皱纹、裂缝或气泡，图案花纹是否清晰，色彩是否均匀。

保养窍门

通常对有灰尘的部分只需要用干净的毛巾擦拭即可。不小心溅到的水或者在潮湿梅雨季节返潮的小水珠，同样只需要用干毛巾擦拭，但在遇到大面积的墙面漏水时，应该注意通风并用吹风机冷风吹干。

施工方式

组合施工法

无缝墙布可以用来替换普通布料，作为软包或硬包造型的饰面材料使用，用在背景墙部位。但并不是所有类型的墙布均适合做包裹的造型，应选择柔软的类型。

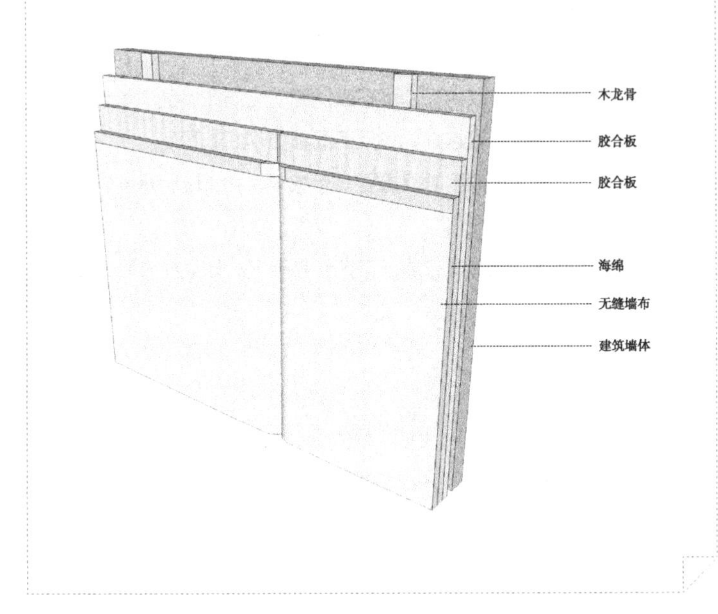

5.3 无纺布墙纸

材料特点

优点：无毒无刺激性，更环保

缺点：花色相对来说较单一，色调较浅

适用范围：顶面、墙面、柜门

适用风格：所有风格均可

挑选技巧

◎ 看图案和密度。颜色越均匀，图案越清晰的无纺布墙纸质量越好；布纹密度越高，说明质量越好，正反两面都要仔细查看。

◎ 测手感。无纺布墙纸的手感很重要，手感柔软细腻说明密度较高，坚硬粗糙则说明密度较低。

◎ 轻擦拭。试着用略湿的抹布擦一下无纺布壁纸，如果能够轻易去除脏污痕迹，则证明质量较好。

5.3.1 设计搭配

（1）如果所在地区比较潮湿，则很适合使用无纺布墙纸来装饰墙面。

（2）所选墙纸的花色应与家居整体风格协调、一致。

5.3.2 施工方式

对花施工

平行对花为花纹平行或水平相对；错位对花为花纹交错相对，即张数为单数的墙纸花纹相同，张数为双数的墙纸花纹相同。

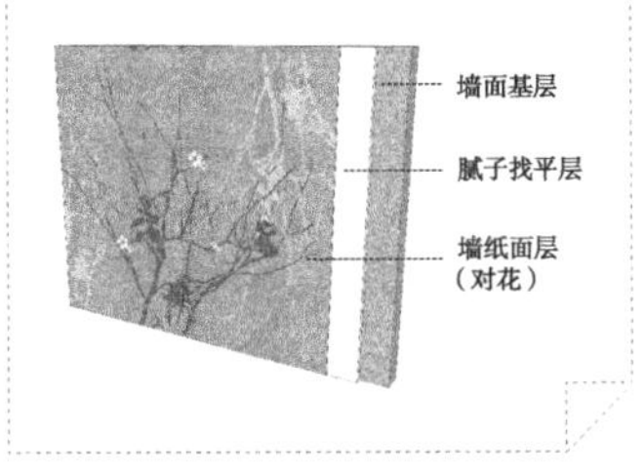

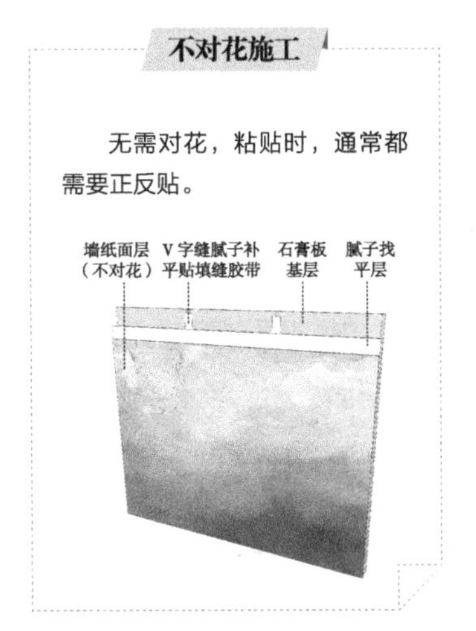

不对花施工

无需对花，粘贴时，通常都需要正反贴。

5.3.3 常见问题

问题	出现翘边问题	出现起泡现象
原因	基膜未涂刷到位；基层有灰尘；基层表面粗糙；基层过于干燥或潮湿；胶水黏结力不够；涂胶不均匀或完工后未阴干等	由于墙面过于湿润、上胶不均匀或基层处理得不好等原因所致
预防措施	将毛巾浸水后拧至湿润状态，将毛巾放在翘边的位置，湿润4~5min后揭开墙纸，刷胶重新粘贴墙纸；没有膨胀性的墙纸可以整张撕揭，轻轻拉长再刷胶，之后慢慢阴干	用针管注射的方式往小气泡的地方补胶粘贴；情况严重的应撕掉重贴

5.4 PVC 墙纸

材料特点

优点：经久耐用，表面可擦拭

缺点：透气性不佳，湿润环境中对墙面损害较大

适用范围：顶面、墙面、柜门

适用风格：所有风格均可

挑选技巧

◎ 检查防火性能。点燃墙纸，火苗应自动熄灭。优质墙纸燃烧过后应变成浅灰色粉末，而劣质品易在燃烧中产生刺鼻黑烟。

◎ 看表面。看 PVC 墙纸表面有无色差、死褶与气泡。最重要的是看清墙纸的对花是否清晰、规范，有无重印或者漏印的情况。

5.4.1 设计搭配

（1）PVC 墙纸可用在开敞式厨房和卫生间的干区内，丰富装饰内容。

（2）PVC 墙纸中的发泡类型能吸声，很适合用于对静谧性要求较高的空间中。

5.4.2 施工步骤

调制基膜液并涂刷 → **裁剪墙纸并标记** → **调制胶粉** → **粘贴第一张墙纸** → **粘贴第二张墙纸**

调制基膜液并涂刷	基膜与清水的比例为1：1，刷完基膜至少3h以后才能贴墙纸。
裁剪墙纸并标记	裁剪出来的墙纸长度比墙面上下多预留10cm左右，以备修边使用。
调制胶粉	搅拌时可间隔2~3min搅拌多次，直至胶粉充分被溶解。
粘贴第一张墙纸	从阴角开始，墙纸顶端留出10cm作为修剪时用。墙纸对准位置后，轻轻用刮板将墙纸右侧从上至下刮平。
粘贴第二张墙纸	粘贴第二张墙纸也从右侧及上侧开始，逐渐向左侧及下方粘贴。

5.4.3 常见问题

问题	墙纸粘贴后不垂直
原因	糊墙纸时未吊线，第一张贴得不垂直；墙纸本身的花饰与纸边不平行，未经处理就进行裱贴；基层表面阴阳角抹平灰垂直偏差较大；搭接裱糊的花饰墙纸，对花不准确
预防措施	墙纸裱糊前，应先在贴纸的墙面上吊一条垂直线，第一张墙纸纸边必须紧靠此线边缘；采用接缝法裱糊墙纸时，先检查墙纸的花饰与纸边是否平行，如不平行，应将斜移的多余纸边裁割平整；阴阳角必须垂直、平整、无凹凸，裱糊前，应对不符合要求之处，进行修整，合格以后才能施工；采用搭接法裱糊第二张墙纸时，对花应确保准确

5.5 木纤维墙纸

材料特点

优点：环保性、透气性和使用寿命均为最佳

缺点：施工时技术难度高

适用范围：顶面、墙面、柜门

适用风格：所有风格均可

挑选技巧

◎ 检查环保性。可以在选购时，闻一下墙纸有无异味，如果刺激性气味较重，则证明挥发性物质较多。此外，还可以将小块墙纸浸泡在水中一段时间后，闻一下是否有刺激性气味挥发。

保养窍门

用湿布或者干布擦洗有脏物的地方；不能用一些带颜色的原料污染墙纸，否则很难清除；擦拭墙纸应从一些偏僻的墙角或门后隐蔽处开始，以避免出现不良反应造成墙纸损坏。

5.5.1 设计搭配

（1）木纤维墙纸的价格比较高，可仅用来装饰卧室。

（2）应选用与家具的颜色和风格呼应的款式。

5.5.2 施工步骤

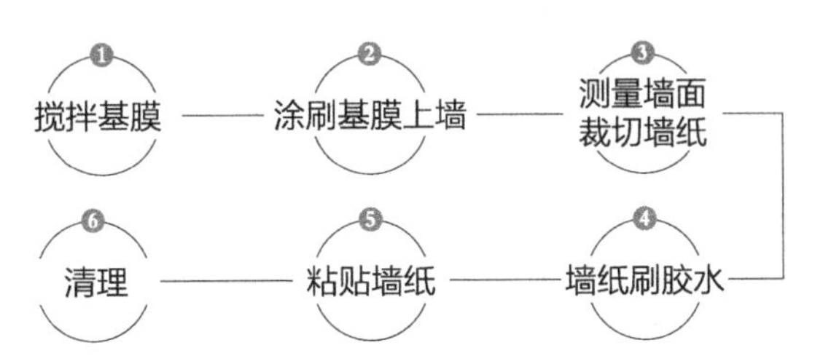

5.5.3 施工须知

（1）墙面必须平整、无凹凸、无污垢或剥落等不良状况。

（2）墙面应平滑、干燥，并做防潮处理。

（3）一定要均匀上胶，不要污染墙纸表面；如果溢出，就要立即用海绵或毛巾吸除。

（4）用毛刷轻轻赶出气泡，不可太用力，以免破坏墙纸表面。

（5）保持墙面涂胶均匀，接缝处用软质压轮小心压平，以免墙纸翘边。

（6）施工完毕后关好门窗，让墙纸自然阴干。

5.5.4 常见问题

问题	色差过于明显	表面受到污染
原因	施工前未进行筛选	由于胶液涂刷过多溢出后污染表面，或施工人员的手不洁净所致
预防措施	色差是多数天然墙纸的一个特点，为了避免色差过大，施工前可进行筛选，将色差小的墙纸拼贴在一起	天然墙纸受污染后无法清除只能更换，建议订货时适当多订购1~2幅

5.6 金属墙纸

材料特点

优点：拥有金属般的色调

缺点：更适合作为点缀使用

适用范围：顶面、墙面

适用风格：古典风格、奢华风格、现代风格

挑选技巧

◎ 闻气味。环保的墙纸气味较小，甚至没有任何气味；劣质的墙纸会有刺鼻的气味。另外，味道很香的墙纸最好不要购买。

◎ 看表面。花纹流畅、完整，亮光款表面无划痕等缺陷。

5.6.1 设计搭配

（1）银色款式和现代风格很搭调，饰品可采用混搭的手法。

（2）金色款式可用于东南亚、欧式、中式等风格的家居中。

（3）搭配灯光组合设计，能够强化金属光泽的变幻感。

5.6.2 施工须知

（1）对墙面要求较高，必须平整、无颗粒；要小心避开电源、开关等带电线路。

（2）金属墙纸刷胶应使用机器上胶，并正确使用保护带。可直接将胶刷在墙面上而不用必须刷在墙纸上。

（3）施工接缝处尽量使用压辊压合，不能使用刮板毛巾等。

5.6.3 常见问题

问题	搭缝现象	花纹不对称	溢胶渗透
原因	施工时未将两张墙纸推开	裱糊前未对花纹墙纸进行辨别，盲目裁切；裱糊时未分辨花纹方向，盲目粘贴	兑胶水时没有把握好比例，胶水过稀，或是上胶时浓淡不均
预防措施	一般可用钢尺压紧在搭缝处，用刀沿着尺边割掉搭边的墙纸，处理平整，再将面层的墙纸裱糊好	对于明显的不对称情况，应铲除墙纸后修补基层，重新裱糊	调胶时注意掺水的比例，不可过度加水；上胶时要注意薄厚应一致

5.7 植绒墙纸

材料特点

优点：有明显的丝绒质感和手感

缺点：不易打理，需精心保养

适用范围：顶面、墙面

适用风格：古典风格、奢华风格

挑选技巧

◎ 用手摸。簇绒的密度均匀，手摸表面有真正绒布的触感。

保养窍门

当植绒墙纸发霉时，如果不是太严重，可以用毛巾蘸取适量的清水进行擦拭，或者使用专门的除霉剂进行擦洗。

5.7.1 设计搭配

（1）设计时，可以搭配一些立体造型，来强化植绒墙纸的高级感。

（2）可结合房间的布局和主调挑选植绒墙纸的样式和色彩，能大大提升墙纸的美观度。

（3）客厅中可以选择花型大气或华丽的款式，使整体看起来更大方。

（4）卧室内可以选择典雅或素色的花型，烘托温馨的睡眠氛围。

5.7.2 施工须知

（1）裁切墙纸时，需比墙体高度多出 5cm。

（2）植绒墙纸非常容易吸灰，施工时应关闭门窗。

（3）施工时应将胶水刷到墙面上，10 分钟后再粘贴墙纸；拼接处如不小心有胶水溢出，应用海绵吸除，不能擦拭。

5.7.3 常见问题

问题	露底	透底、色差	接缝明显
原因	在裱糊过程中，赶压气泡时用力过大，使墙纸发生拉扯，在干燥后发生回缩，就会出现露底现象	主要是由于基层有严重色差所致	由于贴完后马上开窗通风，导致墙布干燥收缩过快所致
预防措施	在大面积施工时，要用毛刷从中间向两边赶气泡，并且注意不能用力拉扯	使用白色覆盖型基膜涂刷墙面，使原本深色的部分变浅，来减小色差	铺贴完成后，需要阴干，一般为 3~7 天，然后再开窗通风

5.8 纯纸墙纸

材料特点

优点：透气防潮效果较好

缺点：不耐水，也不耐擦洗

适用范围：顶面、墙面、柜门

适用风格：所有风格均可

挑选技巧

◎ 看外观。色彩印刷均匀饱满，无色差、渗色、模糊等现象。

◎ 闻味道。闻起来没有刺激性气味。

◎ 轻擦拭。铅笔画线后擦拭，越干净质量越好。

保养窍门

用水清洁会出现明显掉色现象，建议使用干的毛巾或鸡毛掸清洁。

5.8.1 设计搭配

（1）如果想要强烈、清晰的效果，则可以使用纯纸墙纸做装饰。

（2）比较潮湿的地区，不太适合大面积使用纯纸墙纸装饰墙面。

5.8.2 施工须知

（1）纯纸墙纸耐水性比较弱，施工时表面要避免溢胶。

（2）如不慎溢胶，不要擦拭，可用干净的海绵或毛巾吸除。

（3）纯纸墙纸收缩性较强，建议使用干燥速度快一些的胶。

5.8.3 常见问题

问题	墙纸离缝或亏纸	墙纸透底
原因	裁切墙纸时尺寸偏小；裁切搭缝时，未一刀到底，而是多次变换方向或钢直尺发生偏移；裱糊后一张墙纸时，拼缝未对接准确就压实，或擀压胶层时推力过大使墙纸伸张，而在干燥后发生回缩	墙面基层部分有色差
预防措施	裁切墙纸前应先复核尺寸再动刀；切割墙纸时刀刃应紧贴尺边一气呵成，用力均匀；裱糊下一张墙纸时，应与前一张对准后再压实；擀压胶液时用力不可过大	在开始裱糊前，需对基层色差进行确认，颜色一致后再开始施工

5.9 编织墙纸

材料特点

优点：由天然材料编织而成，效果质朴

缺点：不适合潮湿的环境

适用范围：顶面、墙面、柜门

适用风格：日式风格、田园风格、东南亚风格、中式风格

挑选技巧

◎ 看外观。表面无太大色差，编织紧密，无明显孔洞；边角无明显缺损。

5.9.1 设计搭配

编织墙纸以植物为主要原料制作，色彩以大地色为主。虽然有染色的款式，但也都是自然色系，因此非常适合装饰具有渲染自然、淳朴气息风格的室内空间，如新中式风格、日式风格、东南亚风格等。

编织墙纸装饰的电视墙，表现出了东南亚风格自然、古朴、粗犷的气质

5.9.2 施工须知

（1）确保墙面平整、已上基膜，环境干净、无粉尘。

（2）需在墙纸上墙前30分钟刷好胶水，应使用黏性强的草编专用胶。

（3）应保证胶水的黏性，上胶时边缘用封边带封住。接缝需要补胶，之后需压实接缝，直到合缝为止。

5.9.3 常见问题

问题	缝隙不直	表面受到污染
原因	割墙纸时使用的方法不正确	多是由于胶液涂刷过多溢出后污染表面，或施工人员的手不洁净所致
预防措施	裁切时刀要正，用力应适当，不能过大或过小，刀片应确保锋利	编织墙纸受污染后无法清除只能更换，建议适当多订购1~2幅

5.10 手绘墙纸

材料特点

优点：风格多样，可定制

缺点：不同批次存在一定色差；保养较困难

适用范围：墙面、屏风、柜门

适用风格：所有风格均可

挑选技巧

◎ 观察图案。画面效果与样品或设计相符，规律性图案的不同幅面无明显色差，对花图案无偏差。

保养窍门

手绘墙纸表面凹凸的纹理和材质决定了其日常保养的难度，所以日常保养的前提都是以小心使用为主。手绘墙纸需要小心水渍的影响，水渍很容易在墙纸表面留下痕迹或者导致墙纸变形。

5.10.1 设计搭配

（1）手绘墙纸不仅可用来装饰背景墙，还可装饰家具门扇、屏风等。

（2）建议结合所在地区的环境特征选择材质。

5.10.2 施工步骤

墙体表面预处理 → **墙纸背面少量喷水让画面伸平**

乳胶漆墙面需要用打磨纸打磨平整后刷上基膜才可施工。

让墙纸反面受潮卷起10多分钟后再安装，这样施工才会非常平整。

↓

均匀滚刷墙纸胶 → **手绘墙纸拼接**

涂刷的范围比墙纸尺寸大一些，操作中要不断消除气泡和皱叠。

一般拼接宽度为1.5cm，只要前一幅墙纸的右边和后一幅墙纸的左边重叠1.5cm即可。

5.10.3 常见问题

问题	墙纸干燥后出现翘边	起泡现象
原因	基膜未涂刷到位；基层有灰尘；基层表面粗糙；基层过于干燥或潮湿；胶水黏结力不够；涂胶不均匀或完工后未阴干等	由于墙面过于湿润，上胶不均匀或基层处理得不好等原因所致
预防措施	将毛巾浸水后拧至湿润状态，将毛巾放在翘边的位置，湿润4~5min后揭开墙纸，刷胶重新粘贴墙纸；没有膨胀性的墙纸可以整张撕揭，轻轻拉长后再刷胶，之后慢慢阴干	用针管注射的方式往起泡的地方补胶粘贴；情况严重的应撕掉重贴

5.11 云母片墙纸

材料特点

优点：有极高的电绝缘性和抗酸碱腐蚀性

缺点：表面污渍不易去除

适用范围：墙面、柜门

适用风格：古典风格、简欧风格、现代风格

挑选技巧

◎ 看色差。无过于明显的色差。

◎ 闻味道。真正的云母片墙纸无任何刺鼻气味。

5.11.1 设计搭配

（1）云母片墙纸不易打理，但装饰效果好，建议用于客厅背景墙处。

（2）云母片墙纸的天然性决定了其可能会存在色差，可适当地多订购一些备用。

5.11.2 施工须知

（1）建议使用机器上胶，并使用保护带。

（2）铺贴后应使用毛刷抹平，不得使用刮板。尽量使用搭接裁缝。

第6章 地面材料

地面材料（简称地材）是指覆盖在建筑地面上，能够起到装饰作用和保护作用的室内装饰材料。目前，市面上除了石材和瓷砖这些墙地面通用材料外，较为常用的地材还有强化地板、实木地板、实木复合地板、方块地毯、满铺地毯、PVC 地板等。这些地面材料总体来说可分为地板、地毯、软性地材和硬性地材四类。

6.1 实木地板

材料特点

优点：有木材自然生长的纹理，给人柔和、亲切的感觉

缺点：难保养，价格高，铺设难度略高

适用范围：客厅、餐厅、卧室、书房

适用风格：古典风格、奢华风格、中式风格、乡村风格

挑选技巧

◎ 确定合适的长度。实木地板并非越长越宽越好，建议选择中短长度的实木地板，不易变形；长度和宽度过大的实木地板相对容易变形。

◎ 检查缺陷。看是否有死节、开裂、腐朽、菌变等缺陷；并查看地板的漆膜光洁度是否合格，有无起泡、漏漆等问题。

◎ 观测实木地板的精度。实木地板开箱后可取出 10 块左右徒手拼装，观察企口咬口、拼装间隙、相邻板间高度差，严格合缝，手感无明显高度差即可。

保养窍门

油渍、油漆、油墨等特殊污渍可使用专用去渍油擦拭；血迹、果汁、红酒、啤酒等残渍用湿抹布或用抹布蘸上适量的实木地板清洁剂擦拭；蜡和口香糖可用冰块使之冷却收缩，然后轻轻刮起，再用湿抹布或用抹布蘸上适量的木地板清洁剂擦拭。

6.1.1 设计搭配

（1）木材的密度越高，强度也越大。但不是所有空间都需要高强度的实木地板，人流活动大的空间可选择强度高的品种，如巴西柚木、杉木等；卧室可选择强度相对低一些的品种，如水曲柳、红橡、山毛榉等；老人住的房间可选择强度一般但十分柔和温暖的柳桉、西南桦等。

（2）实木地板规格选择的原则为：宜窄不宜宽，宜短不宜长。原因是小规格的实木条更不容易变形、翘曲，同时价格上要低于宽板和长板，铺设时也更灵活，而且现在大部分的居室面积都比较中等，小板块铺设后比例会更协调。

窄而小板块的实木地板，在小面积的客厅中，让人感觉比例更协调

6.1.2 施工方式

龙骨铺装法

做法：先在地面上用木龙骨打好龙骨架，间距400mm左右，当面积较大时，可加设横撑，然后铺设实木地板。地面需做防潮，或可在龙骨与地板之间架设防潮垫。

应用对象：适合抗弯强度足够的一类实木地板。

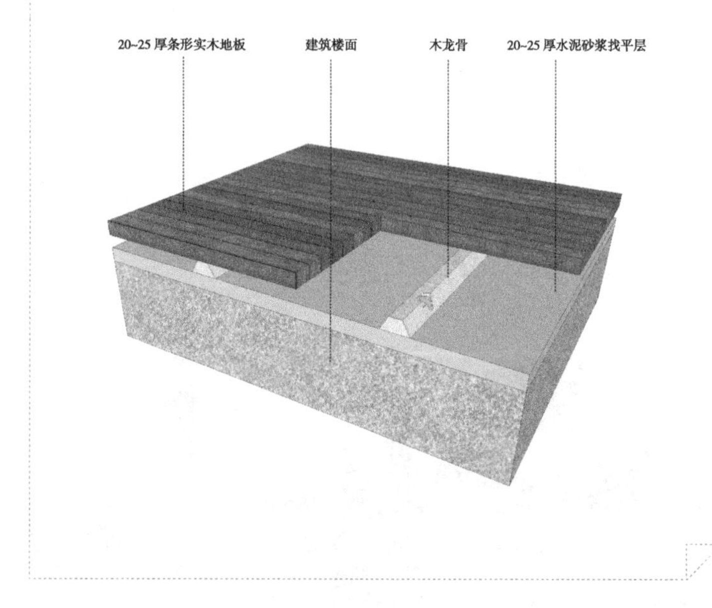

毛地板铺装法

做法：在地面上用木龙骨打好龙骨架，间距等均相同，再铺装一层毛地板并铺设防潮层，而后铺设实木地板。这样做不仅能加强地面整体的防潮能力，也能使脚感更加舒适、柔软，但造价更高一些。

应用对象：适合抗弯强度不足的企口地板、拼花地板等类型的实木地板。

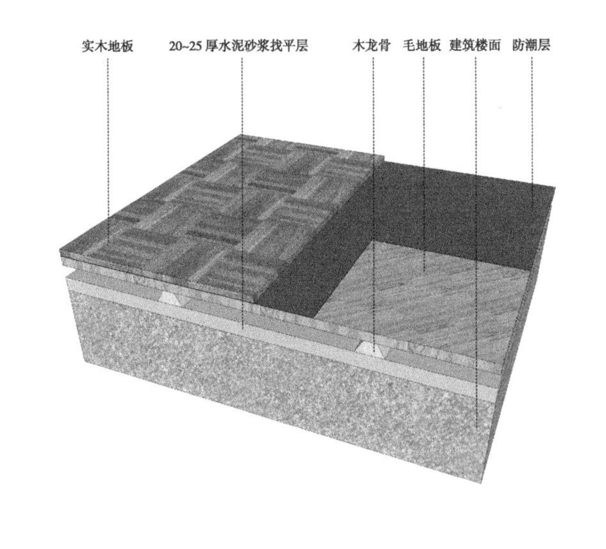

6.2 实木复合地板

材料特点

优点：可用电脑仿真制作出各种木纹和图案、颜色

缺点：水泡损坏后不可修复，脚感较差

适用范围：客厅、餐厅、卧室、书房

适用风格：所有风格均可

挑选技巧

◎ 用水泡。将样品在 70℃的热水中浸泡 2 小时，不开胶者为好。

◎ 看表面。油漆层饱满，无针粒状气泡等缺陷。

保养窍门

（1）房间内保持适宜湿度，保持地板一定的干燥，日常清洗时用拧干的拖布擦拭。

（2）地板不能用水长时间浸泡，如遇明水滞留，应用干布及时吸干让其自然干燥，不能在太阳下暴晒或用电器烘干。

6.2.1 设计搭配

（1）面积大或采光好的房间，用深色实木复合地板会使空间显得紧凑。面积小的房间，用浅色实木复合地板会给人以开阔感，使空间显得明亮。

（2）家具颜色较深时，可用中色地板进行调和；家具颜色浅时，可选用一些暖色地板。

6.2.2 施工方式

悬浮铺设法

悬浮铺设法是先在地面铺设防潮垫层，然后铺设地板的一种施工方式。需先对基层进行处理，如找平、修补等。防潮垫层为聚乙烯泡沫塑料薄膜（宽度 100cm 的卷材）。将它垫在实木复合地板下可增加地板的防潮能力、弹性及稳定性，并减少行走时产生的声音。

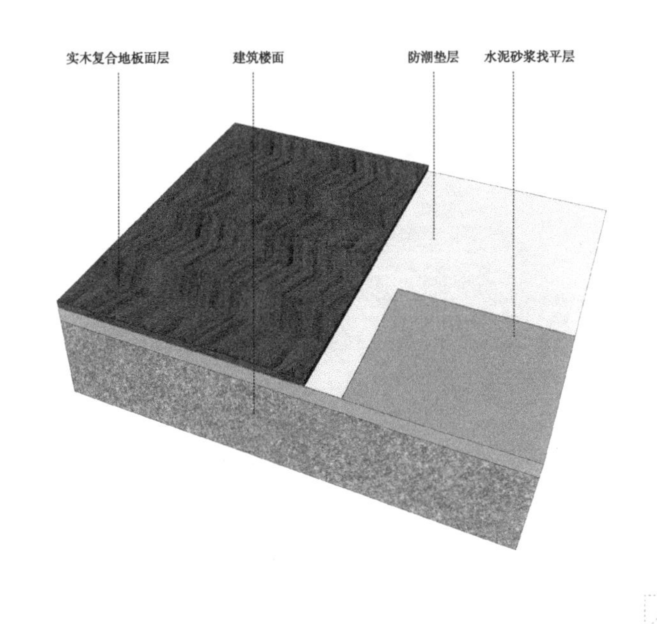

架高铺设法

架高铺设法是用铺垫宝代替龙骨架的一种施工方式。铺垫宝是一种挤塑板，其厚度比龙骨薄，可以减少龙骨对层高的占用。具体的施工方式与悬浮铺设法类似，不同的是需要在防潮垫层与地面找平层之间架铺一层铺垫宝。当地面采用实木复合地板但与其他材质相比地板部分高度不足或需要找平、使脚感更舒适等情况下，均可采用此种方式铺设。

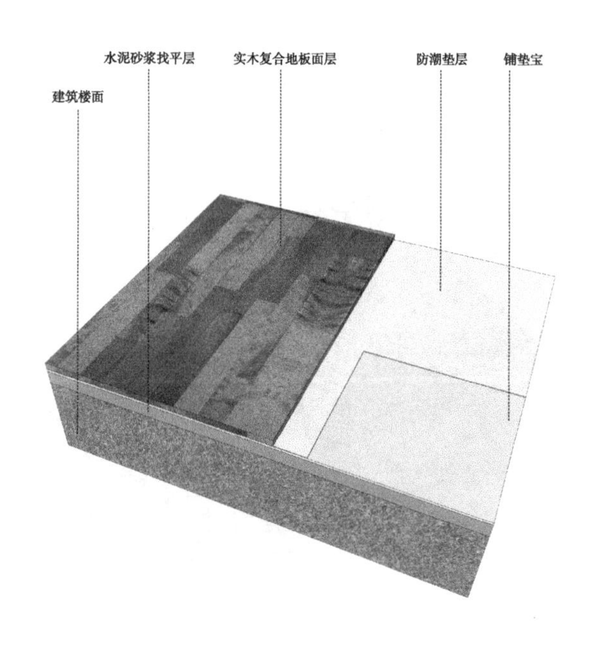

6.2.3 施工须知

（1）地面应无任何灰尘，找平落差应小于 3mm/m^2。

（2）铺装前应挑选板材，将色差小的用在同一个空间中。

（3）垫层的尺寸应按照房间的净尺寸加 100mm 进行裁切，横向搭接 150mm。

（4）铺设地板时，必须进行预排。

6.2.4 常见问题

问题	起拱断裂	拼缝不严密	踢脚板接缝不平
原因	地面湿度大及地板周边与墙之间没有预留伸缩缝	施工不规范或地板的宽度误差较大，加工质量差	地面不平整或安装不仔细造成接口高度不一致
预防措施	铺设前检查地面是否平整，水泥地找平需干透后再铺设实木复合地板；地板开包后不要马上使用，应让其适应现场的湿度后再使用；地板四周踢脚板下应预留 8~10mm 的伸缩缝	按照要求规范施工；开工前应仔细检验材料的规格和质量	地面需保证平整度；安装时应仔细处理接口处

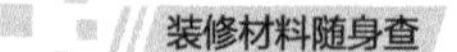

6.3 强化地板

材料特点

优点：污渍无法渗透下去

缺点：舒适性差、怕水怕潮

适用范围：客厅、餐厅、卧室、玄关、书房

适用风格：所有风格均可

常见分类

国际标准尺寸，进口板多为此类；宽度一般为 191~195mm，长度为 1200~1300mm

国内厂家设计的自产尺寸，进口板无此类；长度为 1200mm 左右，宽度为 295mm 左右，视觉效果大方，地板缝隙相对较少，色差相对较大，装饰纸的抗紫外线能力差

自产尺寸，进口板无此类；与实木地板尺寸相近；长度为 900~1000mm，宽度为 100mm 左右，也叫仿实木地板，价格便宜，稳定性好；四边做成 V 形槽的款式，十分接近实木地板

挑选技巧

◎ 注意甲醛含量。按照标准，每 100g 地板的甲醛含量不得超过 9mg；如果超过 9mg，则属不合格产品。

◎ 看厚度。地板的厚度一般为 6~12mm，厚度越厚，使用寿命也就相对越长。

◎ 用力划。用力刮划地板，同样力量下破损严重者质量差。

6.3.1 设计搭配

（1）通常来说，地板要沿着光线进入的方向顺铺，但在比较宽敞的空间中，若追求与众不同的效果，则可将强化地板斜向铺设，更时尚也更大气。

在足够宽敞的公共区内，将强化地板斜铺，个性而又大气

（2）强化地板虽然是地板中最容易打理的，但是也不适合用在厨房中。有一些开放式的厨房与餐厅相邻，餐厅内使用强化地板，厨房使用地砖，或过道使用地砖而卧室使用强化地板，中间就需要做拼接。此时需要加入一块过门石，会让两者之间的过渡更自然、更舒适。

强化地板和仿古砖之间用黑色过门石过渡，美观且过渡更自然

6.3.2 施工方式

悬浮铺设法

在悬浮铺设法中，防潮垫层的铺装方法很重要，具体如下：地面找平完成后，将防潮地垫沿着墙边铺设到地面，地垫与墙边必须贴紧，不能留出多余的缝隙，两块地垫之间也必须贴紧，尽量避免留出缝隙，以免影响防潮的效果。防潮地垫一般与铺装地板的最长边方向一致。

直接粘贴法

直接粘贴法施工因为要用胶，且一旦出现问题修补不便，所以很少使用。在施工前，需将地面做好找平，再用黏结材料直接将强化地板粘贴在地面找平层上即可。需要注意的是，找平层上需做好防潮措施。

6.3.3 施工须知

（1）地面高低差应不大于 $3mm/m^2$。

（2）基层地面要求干燥、干净。

（3）若是矿物质材料的地面，则湿度应小于 60%。

（4）门与地面的间距应保证安装后有约 5mm 的缝隙。

6.3.4 常见问题

问题	起拱	缝隙过大	板面不平
原因	墙边伸缩缝留得不够，地面潮气太大，地板太干等	胶合强度不好，施胶不够，胶的质量差；安装时没拉紧；安装时没有锤紧缝隙	可能是由地面不平、安装时锤紧力不够、泡沫垫重叠等原因所致
预防措施	扩大伸缩缝至 12mm；返工，做防水处理；提高室内空气流通量	铺贴强化地板时，应使用优质的胶黏剂；施工完后用拉力带拉紧两小时以上；安装地板时，按规范施工，尽量将缝隙处锤紧；完工后需养护 12h 以上，其间不准上人走动	保证基层的平整度；提高施工水平；铺设防潮垫层时不能有重叠的部分

 6.4 软木地板

材料特点

优点：脚感柔软，还有隔声效果

缺点：耐磨抗压性稍逊

适用范围：客厅、餐厅、卧室、书房、玄关

适用风格：所有风格均可

挑选技巧

◎ 看表面。砂光表面光滑、无鼓凸的颗粒。

◎ 试拼。取4块相同的地板拼装，缝隙拼合严密。将板块对角线合拢无裂痕。

◎ 用水泡。水泡样品，无变化者为佳品。

保养窍门

用吸尘器、掸子、半干的抹布即可；局部污迹可用橡皮擦拭，切不可用利器铲除；若是打过蜡的墙板，可以用湿布擦拭干净。

6.4.1 设计搭配

（1）软木地板缓冲性能非常好，在老人房和儿童房使用软木地板能够避免因摔倒而产生的磕碰和危险。同时它还具有防潮性能，在开敞式的厨房中，也可以放心地使用，不仅让厨房更美观，也可以利用其弹性和防滑性能为烹饪者提供更舒适的工作环境。

（2）软木地板还可以用来装饰墙面，可选彩色款，拼贴成漂亮的图案。

6.4.2 施工方式

粘贴法

铺设前要对软木地板背面和地面进行涂胶，涂布应均匀无遗漏。贴好后用橡胶锤由中间向四边锤打粘牢，再用35~50kg钢辊滚压。

适合对象：适合片状或卷材的软木地板。

整体施工

与其他地板的悬浮式铺贴相同。

适合对象：适合锁扣式软木地板。

6.4.3 施工须知

地面的湿度对软木地板的寿命起着决定性的作用。在铺设前需用电磁感应温度测量仪或温度计测量，随机测量5个点，并用塑料薄膜将四边封住，1h后检查湿度值，湿度应小于20%。如果湿度超过施工标准，则应等地面干燥以后再施工。

6.4.4 常见问题

问题	起鼓	表面有胶痕
原因	地面湿度过大	由于压实过程中胶溢出未及时清理所致
预防措施	施工前对地面湿度进行测试，合格后方可施工；自流平施工后需干燥至少48h才能开始铺贴地板	软木地板背面涂胶时应适量，在进行压实后，应及时清理地板表面溢出的胶痕

6.5 竹地板

材料特点

优点：色差小，纹理清晰美观

缺点：暴晒或者浸水会导致地板分层变形

适用范围：客厅、餐厅、卧室、书房

适用风格：日式风格、中式风格

挑选技巧

◎ 看表面。观察竹地板的表面漆上有无气泡，竹节是否太黑，表面有无胶线，然后看四周有无裂缝、批灰痕迹等。

◎ 看漆面。注意竹地板是否是六面淋漆，由于竹地板表面带有毛细孔，会因吸潮而变形，所以必须将四周、底、表面全部封漆。

◎ 看竹龄。最好的竹材年龄为 4~6 年，4 年以下的竹子太小没成材，竹质太嫩；年龄超过 9 年的竹子就老了，老毛竹皮太厚，使用起来较脆。

6.5.1 设计搭配

（1）竹地板能够烘托出清新、回归自然、高雅脱俗的感觉。

（2）更适合中式、日式风格的居室。用在其他风格居室中时，需注意色彩的协调性。

（3）比较潮湿的区域尽量不要设计成竹地板地面。

6.5.2 施工方式

龙骨铺设法

竹地板可选择单独使用龙骨来铺设，也可以选择龙骨叠加毛地板的方式进行铺设。因为竹地板的脚感较硬，若想增加地面整体的舒适性则建议选择此种方式来铺设。

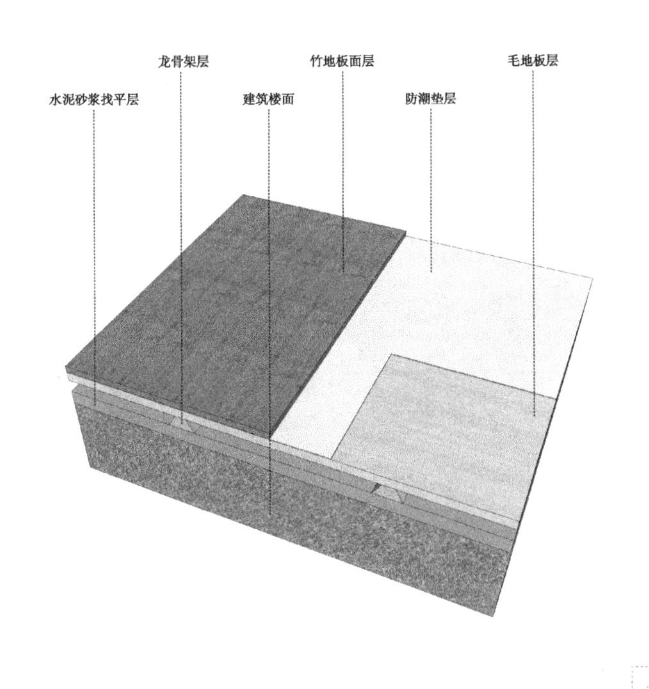

悬浮铺设法

悬浮铺设法对地面的平整度要求较高，若地面基层平整度不合格，则必需先用水泥砂浆进行找平施工，待找平层完全干燥以后，再进行地板的铺设。

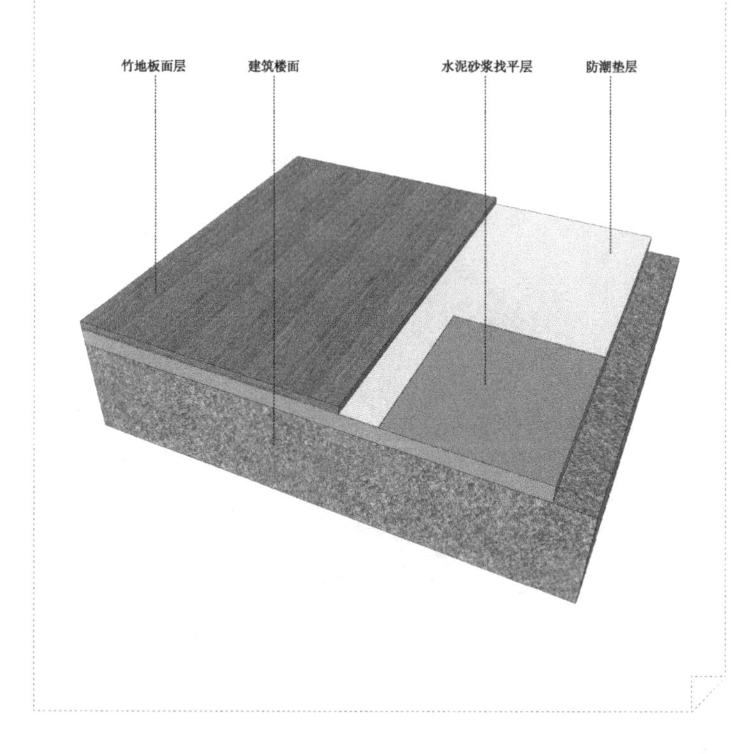

6.5.3 施工须知

（1）墙的四周需要预留 1~1.5cm 的安全缝，为热胀冷缩预留空间。

（2）卫生间、厨房和阳台与地板的连接处应做好防水隔离处理。

6.5.4 常见问题

问题	竹地板变形	损耗超出预计	离缝
原因	由于其中的含水量发生变化所致	铺装方向不对，产生过多短板无法使用，导致损耗超出预计数量	由于地面过于潮湿或铺设方向不对所致
预防措施	若出现变形后，则应静置一段时间后重铺。可提前一周或半个月将竹地板开箱置于现场，使其与施工场所的湿度保持一致来预防变形	竹地板应和窗外入光角平行安装；小面积房间的竹地板应和较长的墙壁平行，才能够减少锯短的数量	在铺设竹地板前，需确定地面足够干燥再施工；铺设时，若长度方向超过8m，则应做隔断

6.6 PVC 地板

材料特点

优点：超强耐磨，防水防滑

缺点：对施工技术要求高，怕划伤

适用范围：客厅、餐厅、卧室、书房、玄关

适用风格：所有风格均可

挑选技巧

◎ 查耐磨转数。一般情况下，耐磨转数达到 1 万转的为优等品，不足 1 万转的产品，在使用 1~3 年后就可能出现不同程度的磨损现象。

保养窍门

使用中性清洁剂清洁，不能使用强酸或强碱的清洁剂清洁地面，做好定期清洁维护工作。

6.6.1 设计搭配

（1）PVC 地板的花色品种繁多，纹路逼真美观，配以丰富多彩的附料和装饰条，能组合出绝美的装饰效果。但在家居环境中，建议选择木纹的款式，会有仿实木地板的感觉，更具高档感。

（2）PVC 地板很适合经济型装修或改造工程，想要追求个性一些的效果又不想做太大的改造，就可以在部分地砖上铺设木纹款式的PVC 地板，搭配一块地毯，就形成了木地板与地砖拼接式的地面效果。

6.6.2 施工方式

块材施工

块材主要是指 PVC 地板中的锁扣地板。这种地板边缘自带公母槽，施工时将两部分槽口对接即可完成施工。与木地板不同的是，PVC 锁扣地板施工前地面做好找平后，将地面清理干净即可，无需在找平层和地板之间铺设垫层。

6.6.3 常见问题

问题	铺设后外表不平整，有褶皱	出现裂缝
原因	地板打开时有起鼓现象但没有进行整理；铺贴时手法不对或地面没有抓牢地板	由于地面不平或施胶少所致
预防措施	PVC 地板打开时若出现起鼓现象，则必须立即卷回头，再重新平稳展开；铺设 PVC 地板时必须逐段推张，使之既拉紧，又平伏地面；在墙边阴角处，应剪裁合适，压进墙面，并用扁铲敲打	拆掉地板，地面处理平整、干燥后重新铺装；根据裂缝的大小，决定补蜡或重新灌胶

6.7 超耐磨地板

材料特点

优点：耐磨，施工快、好清洁

缺点：怕潮湿、易变形

适用范围：客厅、餐厅、卧室、书房、玄关

适用风格：所有风格均可

挑选技巧

◎ 看表面。表面光洁无毛刺，刮划地板表面无磨损痕迹。

◎ 检查甲醛量。每 100g 地板的甲醛含量不得超过 40mg。

保养窍门

使用拖把时，须注意将拖把抹布拧干（越干越好），以不滴水为原则，只要正常进行拖地或擦拭的动作即可。

6.7.1 设计搭配

（1）对于比较注重地板耐磨性能的家庭，很适合选择超耐磨地板。

（2）只要地面的平整度良好，就无需拆除原有地面即可铺贴。

6.7.2 施工须知

（1）超耐磨地板不能上蜡，否则易引起变形。

（2）四周应预留 8mm 左右的收缩缝。

（3）铺设前地面应铺一层防潮布。

6.7.3 常见问题

问题	花纹颜色不一致	表面不平
原因	由于材料挑选不当所致	由于室内地面标高不一致、地面平整度不合格所致
预防措施	在铺设地板前，应对材料的颜色、花纹进行选配，颜色过深、油脂过多和糟朽者应挑出不用	施工前应校正水平线，各室内标高要统一控制，有误差要及时调整

6.8 亚麻地板

材料特点

优点：色彩丰富，样式较多
缺点：防水性能不理想
适用范围：干燥区域地面
适用风格：现代风格、简欧风格、工业风格、北欧风格

挑选技巧

◎ 用火烧。火烧样品，无刺激气味、无黑烟的为佳品。
◎ 看外观。表面光滑、细腻，无孔隙。硬物刮划表面无痕迹。

保养窍门

选用高摩擦力、表面有空隙的门垫放在房间入口处，以减少带入的沙土对地板的磨损。日常清洁可以用专用的干拖把拖洗，遇到难以去除的污渍可以用去污剂清除。

6.8.1 设计搭配

（1）亚麻地板的色彩丰富，花纹自然，且可保持色泽不变、永不褪色。在较为空旷的空间内，若顶面和墙面的色彩都比较素雅，地面可使用亚麻地板进行组合拼贴来丰富室内的色彩层次，增添变化。

（2）在家居空间中将亚麻地板进行拼贴组合时，不建议使用过于夸张的造型，尤其是在小空间中，否则会显得更加拥挤。简洁的方形、菱形或条形组合，都是较为合适的选择。

6.8.2 施工方式

无缝施工法（卷材及片材）

预铺时将地板块或卷材重叠搭接 1cm，使用专用切缝推刀在搭接平面中间用 2m 钢板尺推切，取出多余部分，使用专用对缝辊筒将两侧地板压实并粘接牢固。

热焊对接施工（卷材及片材）

热焊对接施工是一种使用熔化焊条来焊缝的工艺，较适合卷材类的地板使用，但片材也可使用。在地板铺设到位后，在对缝的部位，使用开槽机处理成 U 形槽，然后将热融焊条嵌入槽口中，选用速焊嘴的焊枪焊缝，冷却后将突出部分割掉，再对面层进行清理，即完成施工。

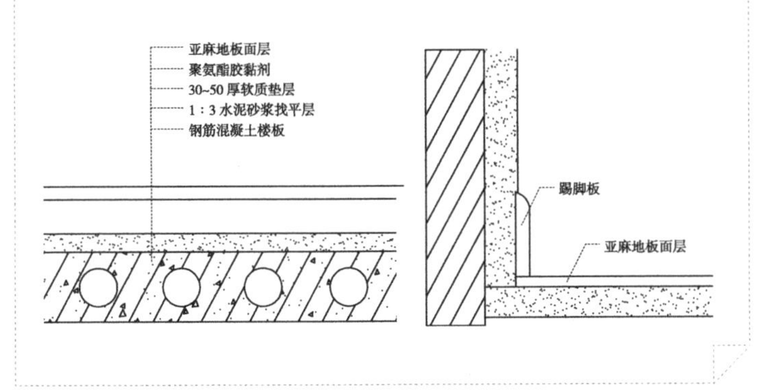

6.9 橡胶地板

材料特点

优点：弹性好，非常柔软

缺点：室内可使用的范围较小

适用范围：主要适用于室外

适用风格：现代风格、简约风格、工业风格

常用参数

项目	参数	项目	参数
硬度	≥ 88（绍尔 A）度	撕裂强度	≥ 30kN/m
加热尺寸变化	≤ ±0.05%	脆性温度	≤ −15℃
耐烟头灼烧	≥ 3 级	吸声性能	≥ 13dB

保养窍门

清除地板表面的沙粒、坚硬杂物时，要用较干的湿布擦洗污渍。对于难以清除的污渍，可将橡胶地板专用清洗剂涂于地板表面，等待几分钟后用较柔软的塑料刷子清洗，对地板蜡磨损的地方应及时补涂。

6.9.1 设计搭配

橡胶地板作为新型的柔性铺地材料，通过不同的制作工艺可以仿制成石材、水墨石及木质地板的图案，而且色彩多样、花色新颖，可以多样搭配。

6.9.2 施工步骤

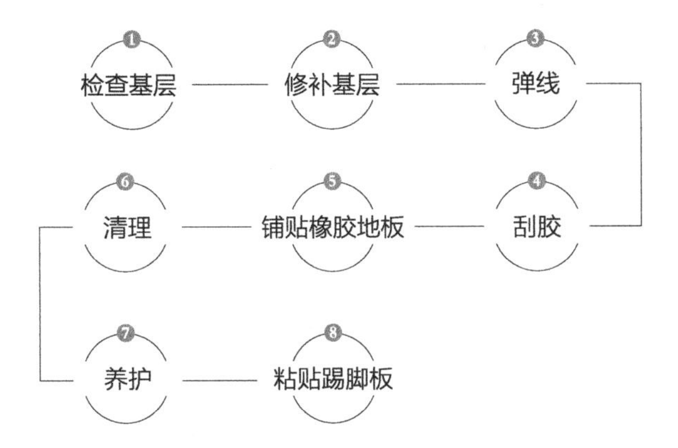

6.9.3 施工须知

（1）橡胶地板应提前移至施工现场，适应现场温度不小于 24h。

（2）禁止在现场温度 10℃以下的情况下进行安装。

（3）所有的硬化处理、淬水处理和去除破坏性化合物必须使用机械方法。

（4）底层地面的湿度应低于 2.5%，湿度高于 2.5% 的底层地面不得予以推荐。若出现此类湿度高于 2.5% 的情况，则应依照工业标准进行防水处理。

6.10 磐多魔地坪

材料特点

优点：表面有丝缎滑面的光泽感

缺点：养护成本高

适用范围：客厅、餐厅、卧室、玄关、厨房

适用风格：所有风格均可

挑选技巧

◎ 看外观。无明显泛花、砂眼、镘刀纹；无分色、油花、缩孔等缺陷。完工后表面平整、光滑，无气泡和裂纹等缺陷。

6.10.1 设计搭配

（1）磐多魔地坪适合用来塑造简约风格或自然风格的家居，建议选择与风格或家具相协调的颜色。

（2）磐多魔地坪除了装饰地面外，还可用来装饰墙面，如装饰客厅沙发墙、餐厅背景墙等。

（3）改造旧房时，就可直接用磐多魔地坪来装饰地面。

6.10.2 施工方式

磐多魔地坪施工

磐多魔地坪的施工应在封闭的环境下进行，不能开门窗。通常厚度只有5~10mm，无需去除原地面即可施工。完工后，需打磨和上蜡。

6.11　水泥自流平地板坪

材料特点

优点：无需人工涂抹，自动流平

缺点：不可避免地会带有纹理

适用范围：客厅、餐厅、书房、卧室

适用风格：工业风格、现代前卫风格、简约风格

挑选技巧

◎ 看表面。表面平整、密实，无针孔、裂痕和剥落等缺陷。

◎ 检查平整度。平整度应≤ 3mm/m^2；无明显的色差。

6.11.1　施工须知

（1）基础水泥地面要求清洁、干燥、平整。

（2）施工前需对基层进行打磨，有裂缝的需贴布修补。

（3）对温度要求较高，10~25℃为宜。

（4）完工后需阴干，不能开窗。

（5）除第一天外，前 14~28 天每天需浇水养护。

6.11.2 施工方式

水泥自流平施工

水泥自流平包含两种类型：找平自流平用于木地板等工程的基层找平；饰面自流平为地面的一种饰面做法，价格高于找平自流平。自流平施工需注意基层的处理，应整洁、干净，缝隙处应用胶带贴好。然后涂刷一层界面剂，再进行自流平施工。

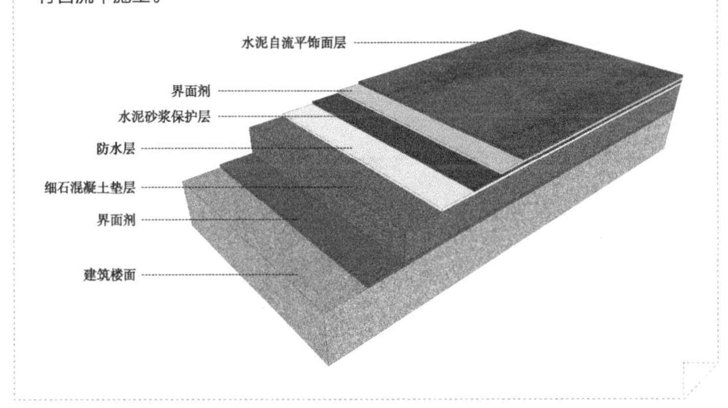

6.11.3 常见问题

问题	空鼓现象	表面起砂
原因	水泥砂浆结合层涂刷过早或未做结合层	水泥砂浆的搅拌时间不足
预防措施	水泥砂浆结合层不可过早施工，一定要做到随刷随粘	水泥砂浆需放入搅拌机搅拌 3min 以上，并应把角落里翻不到的地方翻起来，充分搅拌均匀

6.12 水泥粉光地坪

材料特点

优点：不易开裂，即使有裂缝也比较细

缺点：施工难度较大

适用范围：除了装饰地面外还可装饰墙面

适用风格：所有风格均可

挑选技巧

◎ 看表面。表面平滑、整洁，无明显的白点、残缺、裂缝等缺陷，同一房间无过大的色差。

6.12.1 施工须知

（1）水泥粉光除了可用于地面外，还可用来装饰墙面。

（2）设计时需将地面巧妙分割。如果一次面积过大，则容易开裂。

（3）由于装饰后为水泥本色，所以更适合简约、现代、工业、新中式等以灰色为代表色的风格。

水泥粉光地坪

水泥粉光墙面

6.12.2 施工须知

（1）料一次配足，一次成型，否则色差严重。

（2）两层施工完成后，需进行打磨。

（3）完工后应刷 1~2 遍地板耐磨漆。

6.12.3 施工方式

水泥粉光地坪施工

水泥粉光地坪的工艺要求是先铺一层 15mm 的水泥砂浆打底，又叫粗胚层。而后再把细沙筛出来，均匀搅拌成细腻的水泥，等粗胚层干燥后覆盖上去，约 5mm 厚。这一层也叫做粉光层，也就是面层。其工艺优点是表层均匀细腻，铺在地面上不易开裂，即使有裂缝也比较细，不突出。

6.12.4 常见问题

问题	起灰现象
原因	每遍抹压的时间要掌握准确，才能保证工程质量。压光过早或过迟都会造成地面起灰的质量问题
预防措施	每一次压光应严格按照施工要求时间进行，并确保压平、压实、压光

6.13 榻榻米

材料特点

优点：坐感舒适，材料环保

缺点：要经常擦洗、通风，防止发霉长虱

适用范围：卧室、书房

适用风格：日式风格、中式风格

常见分类

榻榻米芯的制作材料有稻草芯、无纺布芯和木质纤维板芯等。

稻草芯	能够吸除湿气，但需要经常晾晒；受潮后容易长毛和生虫，平整度略差
无纺布芯	不易变形且平整
木质纤维板芯	密度高，平整，防潮，易保养，整体感觉偏硬，不能用于地热

挑选技巧

◎ 看外观。外观平整挺拔。绿色席面紧密均匀紧绷；黄色席面手推无折痕。草席“丫”形接头斜度均匀，棱角分明。

◎ 检查厚度。四周边厚度相同，硬度相等。

保养窍门

避免直接用水擦拭，应用湿抹布，擦拭后要通风晾干；为了防止榻榻米发霉，可每半年暴晒一次；日常使用过程中要避免阳光直射榻榻米；不要将重物直接放置于榻榻米表面；每周用吸尘器打扫可防虫防霉。

6.13.1 设计搭配

（1）榻榻米可坐、可卧、可踩踏，下部可储物，特别适合小户型。

（2）为了避免产生压抑感，铺装榻榻米的空间，层高应高于 2.7m。

（3）单层地台控制在 15cm 以内为最佳，若需要升降桌，则可以预留 35~45cm 的高度。

6.13.2 施工须知

（1）施工时应先弹水平线。

（2）基层材料若非整板，则需加强接缝处理。

（3）地台基础一定要承重稳定、坚固牢靠。

6.14 织物类地毯

材料特点

优点：脚感舒适有弹性，具有温暖感

缺点：防虫性、耐菌性和耐潮湿性较差

适用范围：客厅、餐厅、卧室、书房、玄关

适用风格：所有风格均可

常见分类

羊毛地毯

优点：毛质细密，受压后能很快恢复原状

缺点：不耐虫蛀

混纺地毯

优点：花色、质感和手感与羊毛地毯差别不大

化纤地毯

优点：克服了纯毛地毯易腐蚀、易霉变的缺点

纯棉地毯

优点：便于清洁，可以直接放入洗衣机清洗

缺点：耐磨性不如混纺和化纤地毯

6.14.1 设计搭配

（1）通过色彩深浅的变化使地毯与瓷砖或地板区别开来，可使空间的设计层次更加丰富。地毯突出于地面的瓷砖或地板有两种方法：一种是地毯颜色偏深，地面颜色偏浅，使地毯成为空间内的视觉主体；一种是地毯颜色偏浅，地面颜色偏深，也可使地毯区域突显出来。

地毯的色彩略深于地砖，使人们的视线聚焦于沙发区域，让主体更突出

（2）选择地毯的颜色、花纹、图案等因素时，需注意与室内风格的协调性。比如，在简约风格的家居中，可以选用简洁花纹或线条的地毯来衬托整体的环境；而在欧式家居中则可以选择带有复古花纹的地毯。

6.14.2 施工方式

倒刺板条固定法

适用对象：此种方式适合满铺地毯。

做法：先铺好地毯衬垫，按照尺寸进行裁切，然后在地面的边缘处钉好倒刺板，然后将垫层黏结在地面上；缝合地毯后，将地毯固定在倒刺板上，再进行收边，即完成施工。

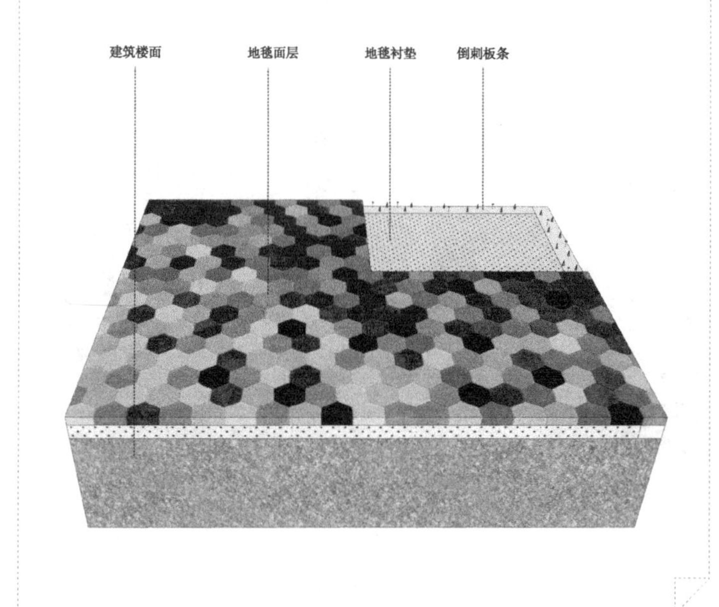

粘贴施工

适用对象：适合满铺地毯和拼块地毯。

做法：在进行施工前，需先对地面进行处理，如找平、清洁等；完成基层处理后，先在房间一边涂刷胶黏剂，铺放裁割后的地毯，然后用地毯撑子向两边撑拉；再沿墙边刷两条胶黏剂，将地毯滚压平整。

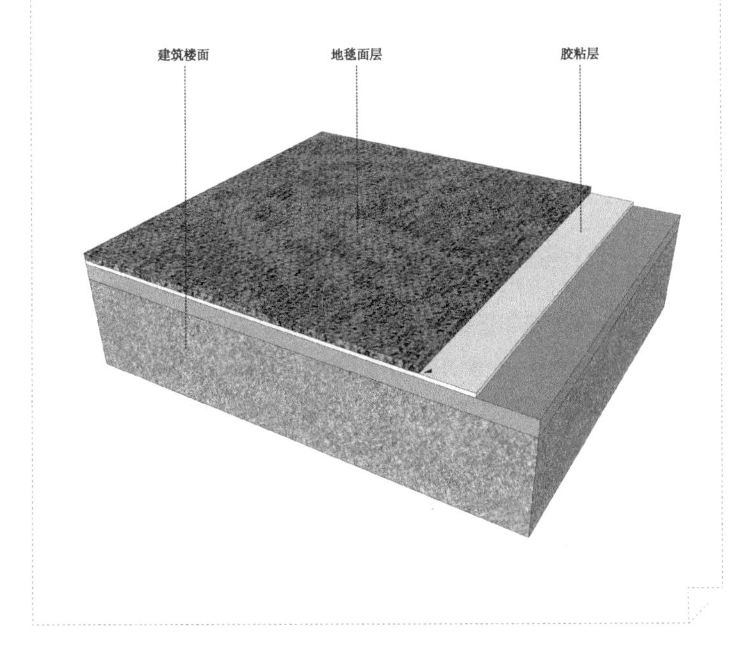

6.15 剑麻地毯

材料特点

优点：价格比羊毛地毯低

缺点：弹性、脚感不如羊毛地毯

适用范围：客厅、卧室、玄关

适用风格：古典风格、日式风格、中式风格

挑选技巧

◎ 看外观。毯面平整，毯边平直；纤维丝紧密，不能有松垮现象，不能过于粗大。

6.15.1 设计搭配

（1）剑麻地毯非常适合搭配花型较素雅的或素色的软体家具。如果搭配的是实木或者石材台面的茶几，则建议选择有边框设计的剑麻地毯。

（2）如果是搭配玻璃类的透明茶几，则建议选择中间有图案的剑麻地毯。

6.15.2 施工须知

（1）不宜铺放在紫外线过强的位置。

（2）地面应干净、整洁，湿度不宜过大。

（3）如果满铺剑麻地毯，则需在计划数量的基础上增加 8%~12% 的耗损量。

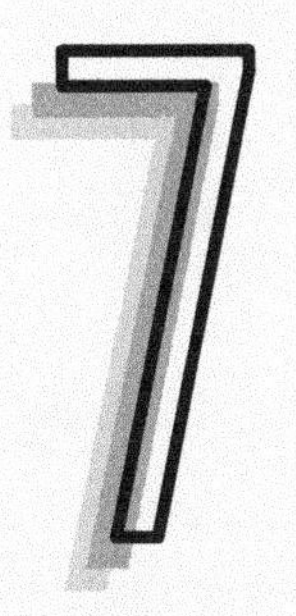

第 7 章 顶面材料

吊顶是设计在室内顶部的一种装饰，也就是天花板上的装饰，是室内装饰的重要组成部分。吊顶材料的种类很多，但出于防火方面的要求，常见的材料有：石膏板、装饰线、硅钙板、各类金属板、矿棉板、PVC、软膜天花、夹板以及玻璃等。在家居空间中，石膏板、装饰线及金属板中的铝扣板等较为常用。

7.1 纸面石膏板

材料特点

优点：质地轻，强度高，使用率高　　适用范围：吊顶、墙面、隔墙

缺点：隔声与抗冲撞性能差

挑选技巧

◎ 看纸面。优质纸面石膏板的纸面轻且薄，强度高，表面光滑没有污渍，韧性好。

◎ 看石膏芯。高纯度的石膏芯主料为纯石膏，从外观看，好的石膏芯颜色发白，而劣质的石膏芯颜色发黄，色泽暗淡。

◎ 看纸面黏结。用壁纸刀在石膏板的表面画一个“×”，在交叉的地方撕开表面，优质的石膏板纸层不会脱离石膏芯，而劣质石膏板的纸层可以轻易撕下来，使石膏芯暴露在外。

7.1.1 设计搭配

（1）纸面石膏板吊顶宜结合居室面积和高度进行设计，小面积或低矮房间适合做局部吊顶。

（2）浮雕板的装饰性较强，可粘贴在顶面或墙面上做装饰，欧式和中式风格的图案较多。通常建议选择与家居风格相呼应的图案。

7.1.2 施工方式

直接铺设龙骨法

大部分种类的石膏板吊顶需要骨架系统才能与原顶连接，可以使用轻钢龙骨骨架，还可使用木龙骨骨架。

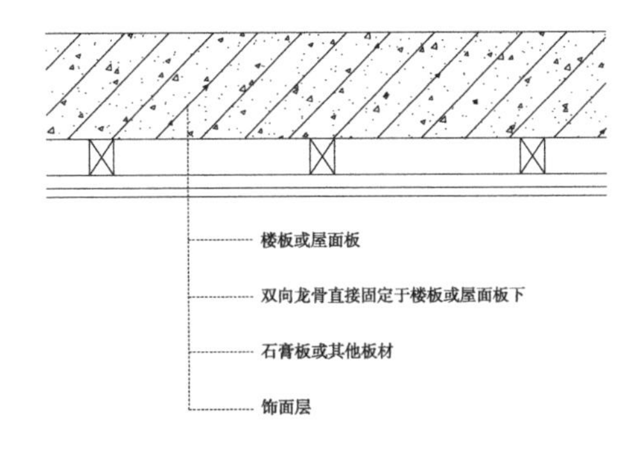

7.1.3 常见问题

问题	吊顶不平	吊顶骨架吊固不牢	石膏板变形
原因	龙骨安装时吊杆调平不认真，造成各吊杆点的标高不一致，因此导致吊顶不平	吊筋固定不牢，固定吊杆的螺母未拧紧，其他设备固定在吊杆上	主要是由于吊杆布置不合理、距离过大所致
预防措施	施工时应严格检查各吊点的紧挂程度，并拉线检查标高与平整度	吊筋要拧紧螺丝并控制好标高；管线、设备等不能固定在吊杆或骨架上	在设计吊杆吊点的距离时，应按设计和施工规范弹线，标记吊杆的位置，距离跨度不能过大

7.2 硅酸钙板

材料特点

优点：防火防水，尺寸稳定

缺点：安装后不容易更换

适用范围：非承重墙体、吊顶、地板

挑选技巧

◎ 看产品是否环保。要注意看产品是否符合《建筑材料放射性核素限量》(GB 6566—2010）标准规定的A类装修材料要求。

◎ 注意是否含有石棉。在选购时，要注意看材质说明，一些含石棉等有害物质的产品会损害居住者的身体健康。

7.2.1 设计搭配

（1）在家居中，石膏板适合做造型吊顶，硅酸钙板更适合做隔墙。

（2）硅酸钙板仅能做平顶，适合用来装饰阳台顶面。

（3）硅酸钙板做隔间壁材使用时，外层可覆盖木板。

7.2.2 施工方式

用硅酸钙板做隔墙，有干、湿两种施工方式。

干式

用木龙骨搭配C型钢，并填入隔声棉。

湿式

在两块硅酸钙板之间，用C型钢填入轻质填充浆。

7.2.3 常见问题

问题	吊顶边角或洞口周边裂缝
原因	吊筋不足，面板固定不牢；铝扣板质量不佳；边角条胶黏、打眼间距过大等
预防措施	当铝扣板吊顶上需要安装的设备较多或重量较大时，洞口或设备周边应增设吊筋；运转时震动幅度较大的设备，安装时下方应加设防震垫，不得直接安装在龙骨上；严把材料质量关；控制好边角条胶粘、打眼的间距

7.3 功能性石膏板

常见分类

防水石膏板

优点：板芯和纸面都经过了防水处理；吸水率为 5%，能够用于湿度较大的区域
缺点：不可直接进水长时间浸泡

防火石膏板

优点：起到阻隔火焰蔓延的作用，耐火时间大于 60 分钟
缺点：装饰性较差

7.3.1 设计搭配

（1）防水石膏板适合用在厨房、卫浴间等比较潮湿的空间中。

（2）防火石膏板适合用于对防火有要求的部位。

7.3.2 施工方式

石膏板接缝施工

功能性石膏板吊顶施工时，为了避免使用一段时间后出现开裂现象，应将细部处理好。首先是两块石膏板对接处缝隙的处理，可选择边缘为锥形的石膏板，或者将缝隙处理成坡口，而后用腻子补齐，再贴上填缝胶带，即可有效避免开裂。其次，还应避免出现通缝，同一平面的板材应进行错缝施工。

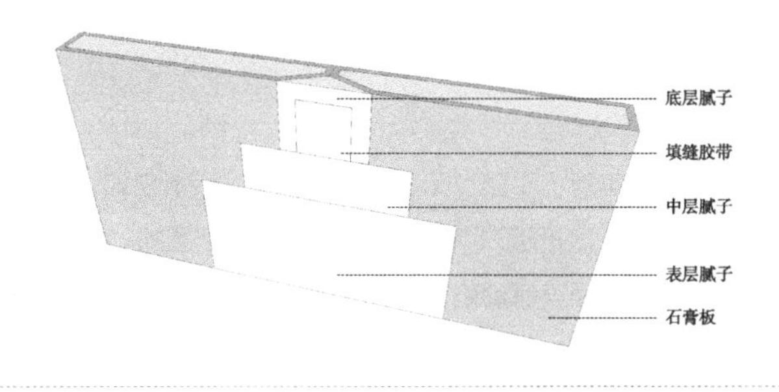

7.3.3 常见问题

问题	缝隙开裂	石膏板吊顶拱度不均匀，出现波浪形
原因	缝隙处的施工方式不规范，是导致缝隙开裂的主要原因	由于木龙骨吊杆水平度不均匀或节点松动所致
预防措施	接缝做“V”字缝，填缝后表面用防裂胶带粘贴；多层级吊顶不同层级的石膏板之间必须错缝安装	在封罩面板前，应对龙骨骨架的平整度进行检测，发现不平问题应立刻调整。可利用吊杆或吊筋螺栓的松紧来调整龙骨的拱度，使其均匀；如果吊杆被钉劈裂而使节点松动，则必须更换劈裂的吊杆

7.4 PVC 扣板

材料特点

优点：质量轻，价格便宜

缺点：耐久性差，易碎裂

适用范围：厨房、卫浴间

适用风格：各种风格均可

挑选技巧

◎ 看外表。外表美观、平整，无裂缝，无磕碰，装拆自如。

◎ 查验韧性。180 度折板边 10 次以上，板边不断裂的，刚韧性好。

◎ 听声音。敲击板面声音清脆。

保养窍门

用较柔软的棉布，蘸上浓度为 50% 的酒精擦拭，或者使用牙膏直接擦拭。

7.4.1 设计搭配

（1）PVC 扣板装饰顶面的综合性能逊于铝扣板，但价格低，很适合乡村地区。

（2）PVC 扣板还可作为护墙板使用。

7.4.2 施工方式

PVC 扣板施工

PVC 扣板吊顶的施工要求面板与墙面、窗帘盒、灯具等交接处应严密，不得有漏缝现象，轻型灯具应与龙骨连接紧密，重型灯具或吊扇不能与吊顶龙骨连接，应在基层板上另设吊件。

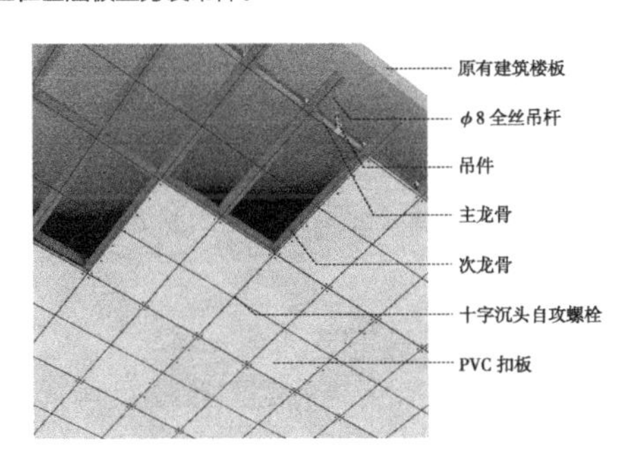

7.4.3 常见问题

问题	吊顶不平	表面污染、损坏
原因	施工人员在安装主龙骨时，吊杆调平不认真，造成各吊点标高不一致	由于保护膜去除时间不当或安装时未佩戴手套所致
预防措施	施工时应认真操作，并拉通线检查标高与平整度是否符合要求	板面保护膜要在验收前方可撕掉；安装时应佩戴干净的白手套

7.5 铝扣板

材料特点

优点：耐久性强，不易变形，防火防潮

缺点：造价较高

适用范围：卫浴间、厨房、阳台

挑选技巧

◎ 看表面。表面均匀、光滑，图案完整，无漏涂、缩孔、划伤、脱落等缺点。

◎ 看厚度。无需过厚，达到 0.6mm 即可。

◎ 测反弹。选取样板折弯，反弹越大质量越好。

保养窍门

日常清理中可用清洗剂擦洗，再用清水清洗，厨房间板缝里易受油渍污染，清洗时可用刷子蘸取清洗剂刷洗，避免使用钢丝刷，以免损伤铝扣板。

7.5.1 设计搭配

（1）铝扣板的花色宜与整体风格相协调，尤其是开敞式厨房。

（2）卫浴间内的铝扣板吊顶，建议选择集成款式。

（3）若觉得平板板材有些单调或与整体风格不符，则可选用带浮雕或描金设计的板材。

7.5.2 施工方式

整体施工法

安装前应先找平、弹线；龙骨和吊杆禁止固定在通风管道及其他设备件上；顶棚内的管道完成验收合格后，才能安装面罩板。

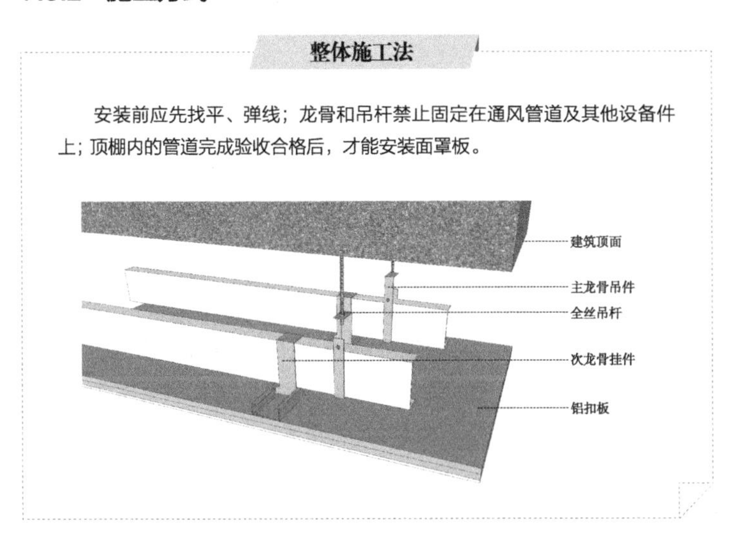

7.5.3 常见问题

问题	板面共鸣、共振	板块间隙不直
原因	由于排风扇周边未加固或吊顶龙骨及配件固定不牢所致	主要是由于工人施工疏忽，铝扣板安装不正所致
预防措施	排风扇周边需特别加固；吊顶龙骨及配件固定要确保牢固	施工时拉线找正，安装固定时保证平整对直

7.6 矿棉板

材料特点

优点：显著的吸声性能

缺点：吸水易变形

适用范围：有吸声需求的空间

适用风格：各种风格均可

挑选技巧

◎ 依空间挑选。在吸入大量的水或是长时间水汽熏蒸的情况下，矿棉板会产生变形下凹，装饰性能下降。因此矿棉板如果要在潮湿的南方使用或是在卫生间、浴室等地方使用，就要解决其抗潮性能差的问题。

保养窍门

用半干的抹布擦拭即可。

7.6.1 设计搭配

矿棉板能控制和调整混响时间，改善室内音质，降低噪声，改善生活环境和劳动条件。

7.6.2 施工方式

矿棉板吊顶施工

暴露骨架的构造是将方形或矩形纤维板直接搁置在倒T形龙骨的翼缘上；部分暴露骨架的构造是将板材两边做成卡口，卡入倒T形龙骨的翼缘中，另两边搁置在翼缘上；隐蔽骨架是将板材的每边都做成卡口，卡入骨架的翼缘中。

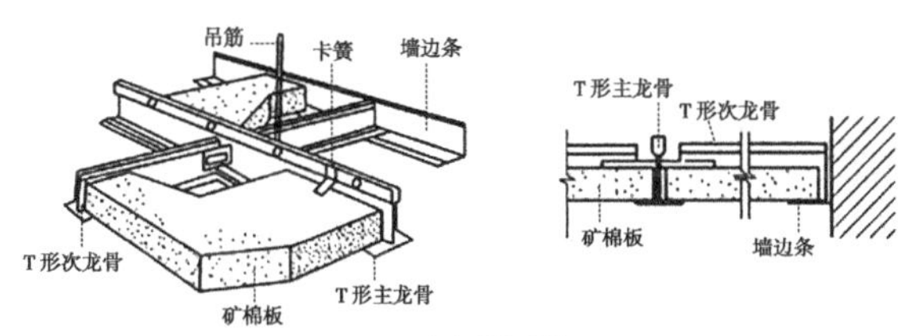

（a）暴露骨架

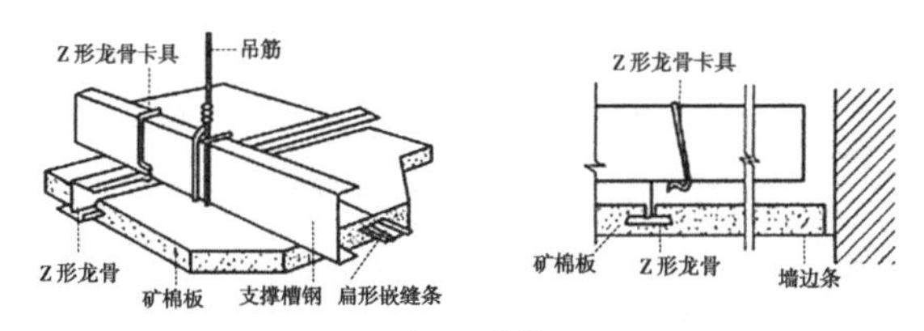

（b）隐蔽骨架

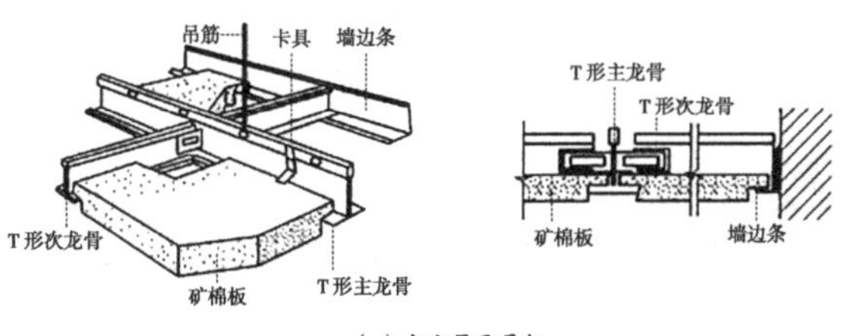

（c）部分暴露骨架

7.7 金属格栅吊顶

材料特点

优点：长期使用不褪色　　适用范围：客厅、餐厅、卫浴间、厨房

缺点：易被氧化　　适用风格：现代风格、工业风格

7.7.1 设计搭配

金属格栅吊顶适用范围广，可单独应用，也可与不同高度、不同宽度、不同色彩的装饰板组合成单元或组合吊顶，其方式多变，具有强烈的装饰感。

金属格栅吊顶具有开放的视野，其线条明快整齐、层次分明

7.7.2 施工方式

金属格栅吊顶施工

注意所选金属格栅的厚度，金属拉伸网注意平整度的问题；暗装嵌入式块形金属装饰板有折边，但不带翼，折边向上且有卡口，选用特制的金属龙骨可使折边的金属面板很方便地嵌入其间。

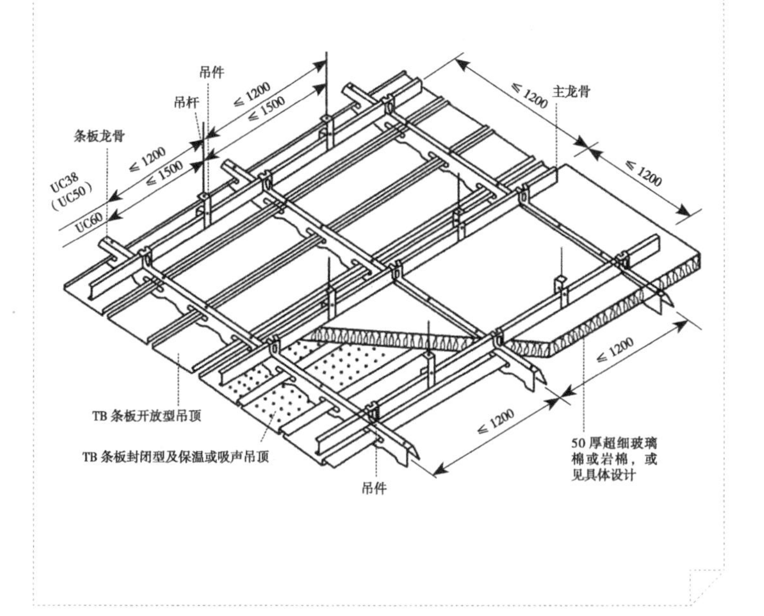

7.8 软膜天花

材料特点

优点：具有防火功能，不会释放有害气体或溶液　适用范围：所有吊顶
缺点：需在实地测量尺寸后，在工厂里制作　适用风格：各种风格均可

保养窍门

本身具有防静电功能，所以其表面不会沾染尘埃，只需定期用清水轻抹即可。如人为弄脏，如油烟、污水渍等，则可以用一般中性清洁剂清洗，再用毛巾抹干即可。如不慎沾染油漆，则可以使用汽油清洗，避免喷洒浓酸、浓碱等强腐性物品。

常用参数

项目	参数	项目	参数
厚度	0.18~0.2mm	每平方米重量	180~320g
防火等级	B1 级	防霉抗菌	0 级

7.8.1 设计技巧

（1）软膜天花 80% 的应用都需要与灯光结合。光源分为内置光源和外置光源，设计的关键在于不同空间应用的色温选择和照度设计。

（2）在选择 A 级防火系列时，要考虑材质的特殊性，因为材质不具延展性，所以不可空间造型；同时由于型材较大，龙骨也不具有夸张的造型能力。

顶面采用软膜天花，使室内光均匀柔和

7.8.2 施工须知

（1）灯架、风口、光管盘要与周边的龙骨水平，并且要求牢固平稳，不能摇摆。

（2）木底架的底面要打磨光滑，并注意水平高度，太低容易凸显底架的痕迹。

7.9　石膏装饰线

材料特点

优点：花纹的选择性较多

缺点：摔打易碎，施工时容易有粉尘污染

适用范围：顶面、墙面

适用风格：各种风格均可

挑选技巧

◎ 用手摸。表面细腻，手感光滑。

◎ 看外观。查看断面，纤维网铺满，浮雕花纹的凸凹在 10mm 以上。

保养窍门

用干净的鸡毛掸子或软毛刷轻轻拂掸，或用干净细软的棉布擦拭，特别要注意的是不能用湿抹布擦拭。

7.9.1　设计搭配

（1）应选择与房间高度、墙面颜色、整体风格相匹配的石膏装饰线。

（2）石膏装饰线不仅可做顶角线，还可装饰顶部中间位置以及在墙面上做造型。

7.9.2 施工方式

钉接加胶黏法

石膏装饰线的施工形式为钉接加胶黏结合，大部分情况下可直接安装在墙面上，为了安装更牢固，需将墙皮铲掉，露出建筑基面。但若基层为 RC 混凝土，则可保留腻子层。

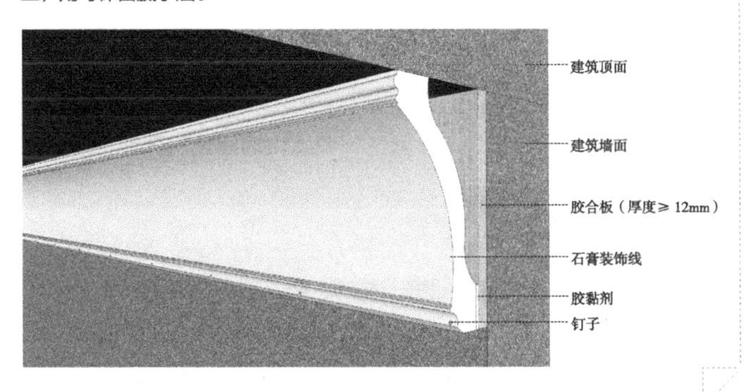

7.9.3 常见问题

问题	装饰线不直	装饰线表面有胶痕	阴角接缝不直
原因	未找好水平线、安装时未拉通线均会导致装饰线出现不直的现象	由于压贴后有胶溢出，而未及时进行清理所致	由于画线标记的位置不准确，或切割时操作不准确所致
预防措施	施工前应先找好水平线，施工时按照水平线拉线，将其作为参照施工	在将装饰线粘贴到位，并用力挤压后，应及时将溢出的胶液清理干净	在阴角需要切割45° 角的位置，画线需准确；切割时应注意精准性

7.10 PU 装饰线

材料特点

优点：强度高，可承受正常摔打而不损伤　　适用范围：顶面、墙面

缺点：价格约为石膏线的 3 倍　　适用风格：各种风格均可

挑选技巧

◎ 看外观。外观饱满自然，棱角清晰，线条表面无杂质、脏污等缺陷。

◎ 观察切面。切面结构均匀、紧密，表面和切面无气孔或小洞。

7.10.1 设计搭配

（1）面积大的空间可搭配宽一些的、雕花或纹路复杂一些的装饰线，以增加层次感。

（2）面积小的空间，建议选窄一些的、款式比较简单的装饰线，这样看起来会比较协调。

7.10.2 常见问题

问题	与墙之间有缝隙	装饰线出现脱落现象
原因	由于未进行补缝或补缝时不仔细所致	一是黏结位置原墙面有腻子，但未进行铲除；二是装饰线固定不够牢固
预防措施	装饰线与墙体和天花之间的缝隙，需用腻子灰进行填补，然后磨平	如果原墙面有腻子，在预计要安装石膏线的位置应先将其铲除，直到露出水泥层，否则会导致日后石膏线不断脱落；粘贴石膏线时，胶需涂抹均匀，粘贴时应用力按压，然后用枪钉或钢钉进行加固

第 8 章 门窗材料

门窗在早期仅具有保护安全以及隔音、分隔空间、保护隐私等作用，无论是种类还是样式均比较少。随着装饰行业的发展，门窗类建材在注重质量的同时，也愈加注重装饰效果。这种对美的追求，使得门窗的种类越来越丰富多样。门窗的分类方法非常多，可以从材质、外观、作用等多个方面进行划分，但总体来说，可以将所有门窗划分为装饰门窗和功能性门窗两个大的种类。

8.1 玻璃推拉门

材料特点

优点：采光好，不占空间

缺点：需要注重对其五金件的保养

适用范围：客厅、餐厅、厨房、阳台

适用风格：各种风格均可

常见分类

铝合金框玻璃推拉门

优点：硬、轻、薄，伸缩性好

缺点：密封性、保温性、隔热性相对略差

应用空间：衣帽间、储物间以及淋浴房内

木框玻璃推拉门

优点：可做各种造型，装饰性好

缺点：价格较高，维护也有一定要求

应用空间：客厅、餐厅、卧室等空间

挑选技巧

◎ 门扇滑动时顺滑而且无震动；框体表面光滑、无任何缺陷。

◎ 玻璃的安装符合设计要求，玻璃的固定牢固、紧密。

◎ 两扇门关闭后缝隙紧贴。

8.1.1 设计技巧

（1）玻璃推拉门除可使用透明玻璃外，还可使用烤漆玻璃、喷砂玻璃或艺术玻璃。

（2）玻璃的类型和门框的色彩，可结合室内的风格、色彩搭配方式以及使用需求来选择。

（3）门的最佳尺寸约为 80cm × 200cm，若门洞高于 200cm，则须减少门的宽度。

8.1.2 施工方式

悬吊式

将轴心固定在天花上，地面无需安装轨道。这样比较美观，但整体稳定性差。

落地式

上下均有轴心；结构稳定，但美观性较差。

8.1.3 施工须知

（1）悬吊式要求天花板有一定的承重能力。

（2）落地式安装前要留意地面的平整度。若不平整则需找平。

（3）安装前，应清理垭口的表面，并将垭口抹平直，以便准备安装推拉门。推拉门上部的轨道盒尺寸要保证不小于高 12cm、宽 9cm。

（4）门扇安装完毕后，必须保证垂直度。若不垂直则应重新安装。

8.2 实木门

常见分类

实木雕花门

优点：有较强的艺术性与欣赏性
缺点：价格较贵
适合风格：欧式古典风格、传统中式风格、美式乡村风格

全实木门

优点：无拼缝，隔热隔声
缺点：开裂变形不容易修复

实木工艺门

优点：色差比较小，价格适中
缺点：承受冲击力的能力较弱

挑选技巧

◎ 听声音。用手轻敲门面，若声音均匀沉闷，则说明质量较好。一般木门的实木比例越高，扇门就越沉。

◎ 检查漆膜。从门斜侧方的反光角度，看表面的漆膜是否平整，有无橘皮现象和突起的细小颗粒。

◎ 根据花纹判断真伪。如果是实木门，表面的花纹会非常不规则，若门表面的花纹光滑、整齐、漂亮，则往往不是真正的实木门。

8.2.1 设计搭配

（1）当室内主色调为浅色系时，可选择如白橡、桦木、混油等冷色系实木门；当室内主色调为深色系时，可选择如柚木、沙比利、胡桃木等暖色系实木门。

（2）实木门的造型也宜与装饰风格一致。若装饰风格以曲线为主，则选曲线为主的门就比较协调。

室内线条比较平直，因此门的图案也对应选择比较简约的线条装饰

8.2.2 施工须知

（1）门套与门框的连接处，应严密、平整、无黑缝。门套与墙体间的固定螺钉，每米应不少于 3 个。门套宽度在 200mm 以上的，应加装固定铁片。

（2）门套与墙之间的缝隙应用发泡胶双面密封，漆胶应均匀。门套与门扇间的缝隙，下缝为 6mm，其余三边为 2mm。门套、门线与地面结合的缝隙应小于 3mm，并用防水密封胶封合缝隙。

8.3 实木复合门

材料特点

优点：不易变形、翘曲

缺点：容易破损，且怕水

适用范围：客厅、餐厅、卧室、书房

适用风格：各种风格均可

挑选技巧

◎ 敲击。若有像打鼓一样的声音，则说明门里面是空的。

◎ 看结构。实木复合门的内部结构一般分为平板和实木两种。实木芯在做工上采用传统工艺，结构稳定，立体感和厚重感并存；平板门的优势在于简洁大方的外观，在着色和选材方面更加灵活广泛，具有很强的现代感。

保养窍门

清除实木复合门表面污迹时（如手印），可先用哈气打湿后，再用软布擦拭。硬布很容易划伤表面，污迹太重时可使用中性清洗剂、牙膏或家具专用清洗剂，去污后，立即擦拭干净。实木复合门的棱角处不要经常摩擦，以免造成棱角处饰面材料褪色破损。

8.3.1 设计搭配

实木复合门应与家具的颜色接近，与窗套垭口尽量保持一致；同墙面色彩要有对应性反差（如选择混油白色的木门宜搭配带有色彩的墙面漆）。

8.3.2 施工须知

（1）测量门洞宽度应测量底部、中部和顶部三个位置，取最窄处的数值。

（2）安装前须对门洞做专业的防潮、防腐处理。

8.3.3 常见问题

问题	门扇发生翘曲	起泡脱胶	门扇下坠
原因	主要是由于原料干燥不到位，导致干缩后发生翘曲	主要是门的质量问题，由于在加工过程中热压温度过高或涂胶不均匀，当门到达施工现场后，湿度发生变化所致	合页松动或合页太小
预防措施	对翘曲超过 3mm 的门扇，应调换或经过处置后再使用，也可通过五金位置的调整解决门扇的翘曲	大面积地出现起泡、脱胶问题应将实木复合门返厂维修；若起泡脱胶的面积较小，则可用透明胶贴上起泡部位，用美工刀片划开木皮，用 502 胶水粘好，揭掉胶布后打磨补漆	选用合适的合页，并将固定合页的螺栓全部拧上，并使其牢固；注意门上不可悬挂重物

8.4 模压门

材料特点

优点：具有天然木材纹理的效果

缺点：隔声性差，不能沾水

适用范围：客厅、餐厅、卧室、书房

适用风格：各种风格均可

挑选技巧

◎ 贴面板与框体连接牢固，无翘边，无裂缝，贴面板厚度不得低于 3mm。

◎ 内框横、竖龙骨排列符合设计要求。安装合页处有横向龙骨。

◎ 板面平整、洁净，无节疤、虫眼、裂纹及腐斑。

保养窍门

注意浸过中性试剂或有水的抹布不要在木门表面长时间放置，否则会浸害表面，使饰面材料变色或剥离。

8.4.1 设计搭配

（1）卧室门最重要的是考虑私密性和营造一种温馨的氛围，所以建议选择透光性弱且坚实的模压门。

（2）书房门建议选择隔声效果好、透光性好、设计感强的类型，如具有古典窗棂图案的模压门。

（3）卫浴间的门要注重私密性和防水性，除需选用材料独特的全实模压门外，也可选择设计时尚的经过全磨砂处理的半玻璃门型。

8.4.2 施工须知

（1）模压门板与木方和填充物不得脱胶。

（2）横楞和上下冒头应各钻两个以上的透气孔，透气孔应通畅。

（3）门框必须安装牢固，门套固定点的数量、位置及固定方法应符合要求。

（4）框与扇、扇与扇的接缝高低差≤ 2mm；门扇与上框间留缝1~2mm；门扇与侧框间的留缝，内门为 5~8mm，卫浴门为 8~12mm。

8.4.3 常见问题

问题	门框四周缝过大或过小	开关不灵、自行开关	合页不平
原因	洞口尺寸留设不准，余量大小不均，或砌筑时拉线偏位较多	两个合页轴不在一条直线上；安装合页的一边门框立挺不垂直；合页进框较多，扇和框产生碰撞，造成开关不灵活	螺栓松动，螺母斜露，缺少螺栓；合页槽深浅不一，安装时螺栓钉入太长，或倾斜拧入
预防措施	一般情况下，安装门框上皮应低于门过梁 10~15mm	掩扇前先检查门框立挺是否垂直，装扇的上下两个合页轴应在一条垂直线上，选用合适的五金，螺钉安装要平直	安装时螺栓应钉入 1/3，拧入 2/3，拧时不能倾斜；安装时如遇木节，则应在木节处钻眼，重新木塞后再拧螺丝

8.5 门吸

常见分类

墙吸

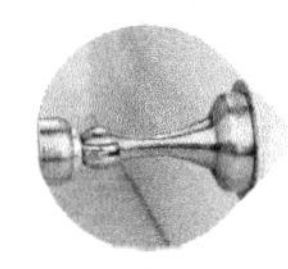

优点：方便打扫，不会因沾上水渍而生锈
缺点：对安装的墙面要求较高

地吸

优点：隐蔽性好，不会影响整体美观
缺点：容易磕碰人，妨碍打扫地面

挑选技巧

◎ 看品牌。尽量选择正规厂家的商品，比较有保障。

保养窍门

清洁门吸时，尽量不要弄湿金属镀件。先用软布或干棉纱除灰尘，再用干布擦拭，保持干燥。不可以使用有颜色的清洁剂，或用力破坏表面层。

8.5.1 设计搭配

门吸的样式、颜色选择比较多，可以根据室内风格和门扇的颜色选择。比如简约风格可以选择造型简单的不锈钢质感的门吸，比较古典的风格可以选择古铜色带有花纹的门吸。

带雕花的门吸非常适合古典风格的装修

8.5.2 施工须知

（1）定位时最好测量两侧，以避免误差。

（2）安装门上的部件时，固定前应先测试是否与墙上的部件吻合。

（3）安装好后应进行微调，旋转门吸的角度使之与门端门吸贴合。

8.6 门锁

常见分类

球形门锁

优点：手感舒适，好清洁
缺点：造型单一

三杆式执手锁

优点：制作工艺简单，价格便宜
缺点：防盗性一般

插芯执手锁

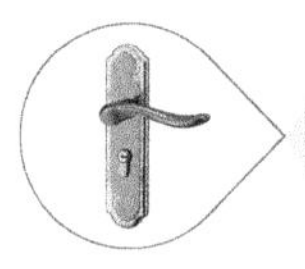

优点：品相多样，样式较多，安全性好
缺点：价格较贵

玻璃门锁

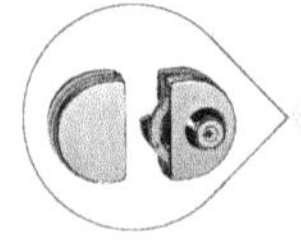

优点：不易生锈老化，时尚感较强
缺点：只适合于带有玻璃的门

挑选技巧

◎ 看锁舌。一般门锁适用的门厚为 35~45mm，有些门锁可延长至 50mm，应查看门锁的锁舌，伸出的长度不能过短。

◎ 看门边框。注意门边框的宽窄，安装球形锁和执手锁的门边框不能小于90mm。

保养窍门

用干的软布轻轻擦拭，切勿使用清洁剂或酸性液体清洗。如发现其表面有难以去除的黑点，可用少许煤油擦拭。

8.6.1 设计技巧

门锁不仅要与门相配，也要注意与居室整体风格相符合，比如欧式风格的居室可以选择花样复杂的执手锁；简约风格的居室可以挑选颜色、造型简洁的门锁。

黑色三杆式执手锁简单又不失个性

8.6.2 施工须知

（1）木工门须在油漆干透后再安装锁具。

（2）门锁的开孔位置和尺寸应符合说明书要求。

8.7 塑钢窗

材料特点

塑钢框：框料断面为 L 形，扇料断面为 Z 形，横档、竖梃为 T 形断面，玻璃压条为直角异型材断面。

玻　璃：通常采用杂质少且更透亮的浮法玻璃，厚度为 4mm。

五金件：包括滑轮、合页、门窗锁等。

纱　窗：包括尼龙网和不锈钢网两种类型。

挑选技巧

◎ 看外观。塑钢表面光滑平整，无开焊断裂；型材之间的配合间隙紧密，配合处切口平齐。密封条平整，无卷边，无脱槽，胶条无气味。

◎ 观察玻璃。玻璃平整、无水纹，玻璃与塑料型材密封压条贴紧缝隙，双玻夹层内没有灰尘和水汽。

8.7.1 设计搭配

（1）塑钢窗的窗扇有平开窗也有推拉窗，比较寒冷的区域建议选择平开窗。

（2）在不方便安装平开窗的空间中，可选择上掀窗、下掀窗或内开窗，例如卫浴间。

8.7.2 施工方式

连接件法

用一种专门制作的铁件把门窗框与墙体连接在一起。做法是将固定在门窗框型材靠墙一面的锚固铁件用螺钉或膨胀螺栓固定在墙上。

直接固定法

在砌筑墙体时，先将木砖预埋于门窗洞口设计位置处。

假框法

在门窗洞口内安装一个与塑料门窗框配套的镀锌铁皮金属框，或者当木门窗换成塑料窗时保留原来木门窗框，将塑料门窗框直接固定在原来框上，最后再用盖口条对接缝及边缘部分进行装饰。

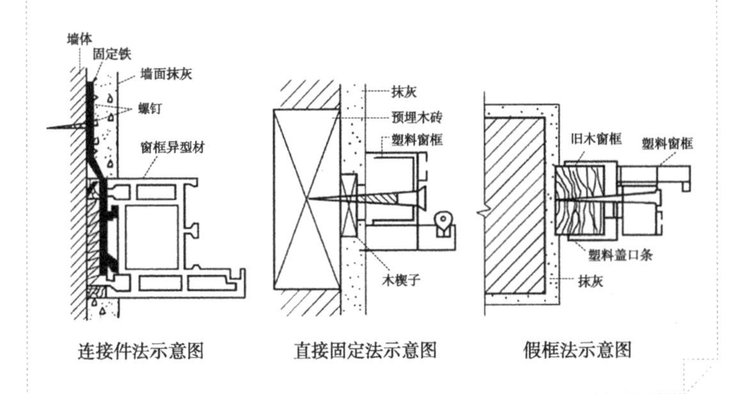

连接件法示意图　　直接固定法示意图　　假框法示意图

8.8 百叶窗

材料特点

优点：任意调节叶片，控制射入光线

缺点：每条百叶片上容易积尘，清洗比较麻烦

适用范围：客厅、餐厅、卫浴间、厨房

适用风格：现代风格、简约风格、田园风格

挑选技巧

◎ 看叶片。看百叶窗的平整度与均匀度，观察各个叶片之间的缝隙是否一致，叶片的两面是否存在掉色、脱色的情况或有明显的色差。

◎ 看外观。如果用百叶窗作为落地窗或者隔断，一般建议使用折叠百叶窗；如果作为分隔厨房与客厅空间的小窗户，建议使用平开式百叶窗；如果是在卫生间用来遮光的，可选择推拉式百叶窗。

保养窍门

平时可用湿棉布擦拭，每月用洗涤剂彻底清洁一次，蘸少许洗涤剂顺一个方向逐叶擦拭即可。

8.8.1 设计搭配

（1）百叶窗叶片排列的横向线条能表现出气派与温馨的平面美，在居室中不仅可以用来遮阳阻光，而且还可以为现代简洁的空间带来富于变化的悦目之感。

（2）具体样式可结合使用空间的面积和作用来选择。如作为落地窗或者隔断，则建议使用折叠窗；如为小窗户，则建议使用平开式；如用在卫生间，则可选择推拉式。

8.8.2 施工方式

暗装

暗装窗的长度应与外窗高度相同，宽度要比外窗左右各缩小1~2cm。

明装

明装窗的长度应比窗户高度长约 10cm，宽度比窗户两侧各宽 5cm，以保证具有良好的遮光效果。

8.9 气密窗

材料特点

优点：良好的气密性
缺点：施工要求较高

适用范围：所有空间均可
适用风格：所有风格均可

挑选技巧

◎ 检查窗缝。将窗打开一条小缝隙，缝隙宽度应一致。

◎ 检查牢固度。敲击窗框与墙的接触面，声音具有饱实感；摇晃窗扇，稳定不晃动。

◎ 看密封条。密封条平整，无卷边，无脱槽，胶条无气味。

保养窍门

平时用软布蘸清水擦拭即可，勿使用腐蚀性清洁溶剂。窗沟缝可用小毛刷或毛笔轻扫。

8.9.1 设计技巧

（1）气密窗适合对水密性、气密性要求较高的家庭和居住楼层较高的家庭。

（2）若家中有儿童，可选择儿童专用气密窗，有专门的安全锁，可控制开窗的角度。

8.9.2 施工步骤

（1）确定洞口尺寸。墙面须预留比窗的尺寸稍大一些的窗洞口，通常左右各加大 1.5cm，上加大 1.5cm，下加大 2.5cm，以便于窗的安装。

（2）放样。安装前应先放样定出三种基准线，作为安装施工的准备：中心基准线——决定窗的中心位置；水平基准线——决定窗的高度位置；进出基准线——决定窗的内外位置。

（3）埋置固定片。将固定片埋入混凝土墙或砖墙内 3~4cm，以 1：2 水泥砂浆拌和石子固定，或用焊接将固定片与钢筋接合。

（4）安装外框。安装工依照上述位置，安装窗户的外框。

（5）水泥嵌补。固定片固定到位后，拆除四周的木楔，以水泥砂浆嵌缝，以免窗框与墙面间产生缝隙而导致渗水。

（6）安装窗扇。窗框固定牢固后，将窗扇依次安装到位。然后对窗扇、窗框等部位进行彻底的清理。

8.9.3 施工须知

（1）安装窗户前，应先对洞口的平整度进行仔细检查。

（2）窗户进场后，应对其外观和尺寸等进行查验。

8.10 广角窗

材料特点

优点：可视角度广，利于采光和通风

缺点：对施工要求较高

适用范围：客厅、餐厅、卧室、书房

适用风格：所有风格均可

常见分类

按照窗框材质可分为木质窗、塑胶窗、不锈钢窗和铝材窗。

木质窗

优点：质感好，具有纯天然气息

缺点：防水性较差，不适合潮湿气候

塑胶窗

优点：窗体不易损坏、变形

缺点：防水性、气密性、隔声效果有限

不锈钢窗

优点：坚固耐用，防盗性好

缺点：重量较大

铝材窗

优点：质轻坚固，不易变形、损坏

缺点：价格较贵

8.10.1 设计技巧

（1）小户型特别适合安装广角窗以增加使用面积和采光。

（2）广角窗窗框的颜色宜结合室内风格进行选择。

8.10.2 施工须知

（1）角钢必须嵌入墙壁中。

（2）玻璃的安装至关重要，组装不到位容易造成滴水。

8.11 活动隔断

材料特点

优点：可以自由活动，自由组合

缺点：容易损坏，不精心设计会显得单调

适用范围：客厅、餐厅、玄关

适用风格：所有风格均可

8.11.1 设计搭配

设计时应考虑收纳空间和轨道与天花造型相结合，以及藏板间门与墙面造型的统一，包括活动隔断表面材料的厚度。

米灰色隔断与吊顶和地面的色彩呼应，视觉上更有整体感

8.11.2 施工须知

（1）暗藏轨道应注意天花结构的高度。

（2）藏板间应避开建筑变形缝。

第 9 章 厨卫材料

随着审美水平的提高和消费需求的升级，在室内装饰中，人们对厨卫洁具和五金的设计美感、功能性以及科技性的要求也越来越高。原来平淡无奇的厨卫洁具和五金，为了满足人们的需求，样式越来越多，科技性和便利性也愈加完善。

9.1 坐便器

常见分类

连体式坐便器

优点：水箱与座体合二为一，造型美观，安装简单
缺点：价格相对贵一些

分体式坐便器

优点：水箱与座体分开设计，维修简单
缺点：接缝处容易藏污垢

直冲式坐便器

优点：池壁较陡，存水面积较小，冲污效率高
缺点：易出现结垢现象，防臭功能较差

虹吸式坐便器

优点：冲水噪声小，容易冲掉黏附在马桶表面的污物
缺点：排水管直径细，易堵塞

挑选技巧

◎ 检查漏水。在马桶水箱内滴入蓝墨水，搅匀后看坐便器出水处有无蓝色水流出，如有则说明马桶有漏水的地方。

◎ 注意釉面。质量好的马桶釉面应该光洁、顺滑、无起泡。同时还应检验一下马桶的下水道，如果粗糙，则以后容易结垢。

◎ 看排污管口径。内表面施釉的大口径排污管道不容易挂脏，排污迅速有力，能有效预防堵塞，一般以能有一个手掌的容量为最佳。

9.1.1 设计搭配

坐便器的款式和尺寸，应根据卫生间的整体风格、色彩和面积综合选择。需要注意的是，其颜色不宜深过地砖。

9.1.2 施工方式

坐便器的安装可分为干式和湿式两种方式。

干式

使用油泥安装，维修、拆除简单。

湿式

使用水泥砂浆安装，传统做法，拆除时会破坏地砖。

9.1.3 施工须知

（1）落地式坐便器安装前须确定排污管中心到墙的距离，误差不能超过 1cm。

（2）安装壁挂式坐便器须提前规划排水口位置，确定是否需要更改管线。

（3）若使用智能坐便器，在进行水电改造时应预留电源位置。

9.2 面盆

常见分类

台上盆

优点：安装方便，台面不易脏；样式多样，装饰感强，台面上可放置物品

缺点：如果盆与台面衔接处处理得不好就容易发霉

台下盆

优点：卫生清洁无死角，易清洁；台面上可放置物品，与洗漱柜组合的整体性强

缺点：对安装工艺要求较高

挂盆

优点：节省空间，适合较小的卫生间，没有放置杂物的空间

缺点：样式单调，缺乏装饰性，适合墙排水户型

一体盆

优点：盆体与台面一次加工成型，易清洁，无死角，不发霉

缺点：款式较少

立柱盆

优点：适合空间不足的卫生间安装使用，一般不会出现盆身下坠变形的情况

缺点：款式相对较少；台面没有储物空间或储物空间很少

挑选技巧

◎ 看表面。面盆表面无划痕、裂纹等缺陷；向表面淋水，残留水渍越少越好。玻璃面盆边缘光滑圆润，表面光洁剔透。

◎ 测试耐脏性。向陶瓷盆釉面上滴几滴带颜色的液体，用湿布擦干，无脏斑点者为佳。

9.2.1 设计搭配

（1）在宽度小于 70cm 的空间中不宜选择台上盆，因为可选择种类少，安装后空间显得局促。

（2）面盆的设计应考虑卫浴间给、排水管周围的尺寸。

（3）从安全及视觉角度考虑，面盆的台面长度大于 75cm，宽度大于 50cm，效果会更好。

9.2.2 施工须知

（1）池面离地的高度应控制在 80~85cm 范围内。

（2）面盆安装好以后，面盆与台面的交界处应用胶密封。

9.3 浴缸

常见分类

铸铁浴缸

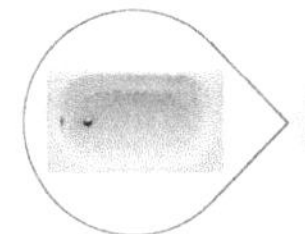

优点：寿命长，保温，易清洗，噪声小
缺点：价格过高，分量沉重，安装与运输难

亚克力浴缸

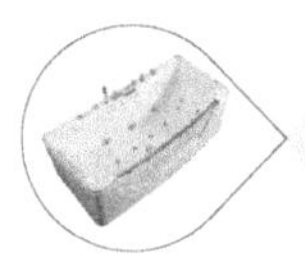

优点：造型丰富，重量轻，表面光洁度好
缺点：耐高温能力和耐压能力差，不耐磨，易老化

实木浴缸

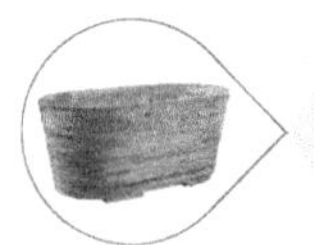

优点：原料为实木，保温
缺点：缸体较深，需要保养维护，否则会变形漏水

钢板浴缸

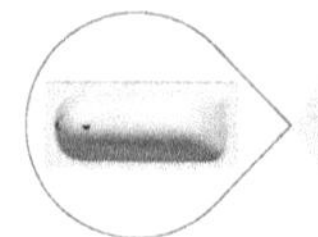

优点：耐磨、耐热、耐压，使用寿命长
缺点：保温效果低于铸铁缸

挑选技巧

◎ 看深度。出水口的高度决定水容量的高度，一般满水容量在 230~320L，入浴时水要没肩。当卫浴间长度不足时，应选取宽度较大或深度较深的浴缸，以保证浴缸有充足的水量。

◎ 注意裙边方向。对于单面有裙边的浴缸，购买时要注意下水口、墙面的位置，还需注意裙边的方向。

9.3.1 设计搭配

（1）家中若有老人和孩子，则浴缸应设计为内嵌式，这样比较安全。

（2）若使用者较年轻，浴室面积又不大，则可选择独立式浴缸，能够节约空间。

9.3.2 施工须知

（1）安装浴缸前应先安装好下水配件，做 24 小时闭水试验，看浴缸是否有漏水现象。

（2）内嵌式安装须预留检修口，以便日后检修。

9.4 浴室柜

常见分类

实木浴室柜

优点：纹理自然，质感高档，质量坚固耐用，甲醛含量低
缺点：环境干燥时容易开裂

不锈钢浴室柜

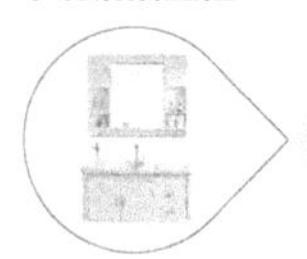

优点：经久耐用，防水，防潮，防霉，防锈
缺点：设计单调，缺乏新意，容易变暗

铝合金浴室柜

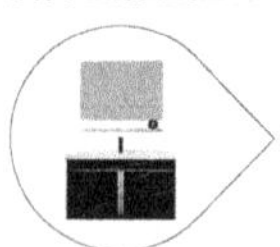

优点：表面的光泽度好，品质高，使用方便
缺点：柜体单薄，实用性不强

PVC 浴室柜

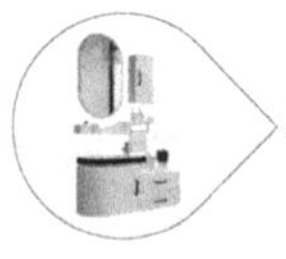

优点：色彩丰富，造型多样，可定制，易清理
缺点：耐化学腐蚀性能不高

陶瓷浴室柜

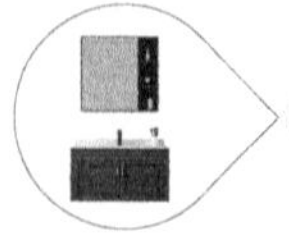

优点：容易打理，釉面干净、色泽明亮
缺点：有重物撞击时容易损伤

板材浴室柜

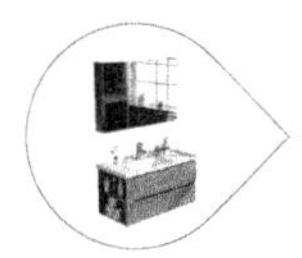

优点：自然，价格相对实木类浴室柜低
缺点：防潮能力较差，封边做不好容易变形

挑选技巧

◎ 看防潮性。购买时应了解所有的金属件是否是经过防潮处理的不锈钢，或是浴室柜专用的铝制品，以使抗湿性能得到保障。

◎ 检查柜门。仔细检查浴室柜合页的开启度。若开启度达到 180°，则取放物品会更加方便。合页越精确，柜门会合得越紧，就越不容易进水和灰尘。

9.4.1 设计搭配

（1）浴室柜的款式和色彩应与浴室的整体风格相呼应，可混搭，但需注意相互协调。

（2）避免水汽侵蚀，浴室柜下部应悬空，可直接挂于承载力较好的墙面上，也可通过安装金属“脚”来解决。

（3）紧凑型的卫浴间适合选用组合式或挂墙式浴室柜，能充分利用卫生间的墙面。

9.4.2 施工须知

（1）墙面必须为实体墙才能安装壁挂式浴室柜。

（2）铺设地砖和墙砖前须确认浴室柜的安装位置。

9.5 地漏

常见分类

按材质分类

铸铁地漏

优点：价格便宜
缺点：容易生锈，不美观

PVC 地漏

优点：价格便宜
缺点：易受温度影响发生变形，耐划伤和冲击性较差

不锈钢地漏

优点：形式美观，价格适中，304 不锈钢质量最佳，不会生锈
缺点：容易产生水渍，表面需要定期清洁保养

黄铜地漏

优点：造型美观、奢华，纯铜具有杀菌功效
缺点：价格较高

按样式分类

水封地漏

优点：价格低
缺点：自清能力差，容易堵塞，不易清理，排水速度慢

弹簧式地漏

优点：防臭效果很好
缺点：排水速度慢，家庭使用极易堵塞

翻板地漏

优点：款式有较多选择
缺点：不能防臭，容易堵塞，寿命短

浮球式地漏

优点：寿命长
缺点：排水功能差，容易堵塞

吸铁石式密封地漏

优点：塑料材质芯可加工成不同类型
缺点：性能不是十分稳定

重力式地漏

优点：过滤网一体式不容易丢
缺点：密封盖板会因为淤积毛发而密封不严

新式水封式地漏

优点：长期使用不易坏，密封效果好
缺点：不锈钢材质芯成本较高

9.5.1 设计搭配

（1）家居中必须安装地漏的位置：淋浴下面，需直径为 50mm 的地漏；洗衣机附近，直排地漏是最佳选择。

（2）家居中可安装地漏的位置：坐便器边、厨房和阳台。

9.5.2 施工须知

（1）地漏应安装在卫浴间地面的最低点。

（2）地漏四周应刮水泥腻子以保证其牢固度。

（3）地漏安装完成后 24 小时内不能遇水。

9.6 整体浴房

常见分类

一字形浴房

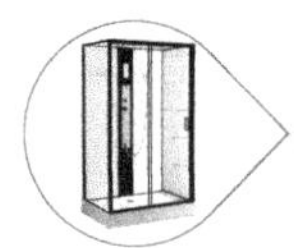

优点：适合大部分空间使用；淋浴区可供使用的面积较大
缺点：造型比较单一，变化少

直角形浴房

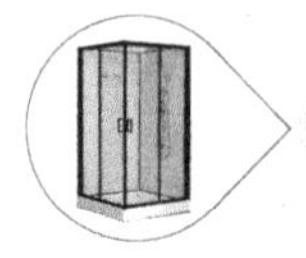

优点：适合面积大一些的卫浴间，安装在角落；淋浴区可供使用的面积最大
缺点：造型比较单一，变化少

五角形浴房

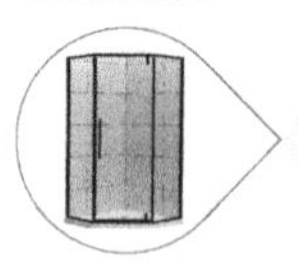

优点：外形美观，节省空间；大小卫浴间均适用
缺点：淋浴间中可供使用的面积较小

圆弧形浴房

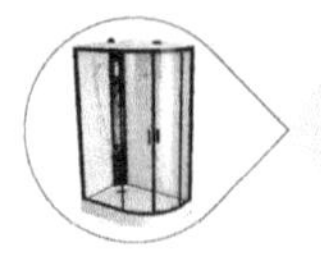

优点：外观为流线型，较美观
缺点：淋浴间中可供使用的面积比五角形略大

挑选技巧

◎ 看外观。透光均匀，手感厚实，玻璃通透，无杂点、气泡等缺陷。

◎ 看铝材。铝材表面光滑，无色差和砂眼，剖面光洁。铝材厚度在1.2mm以上，上轨吊玻璃铝材厚度须在1.5mm以上。

◎ 观察牢固程度。整体浴房应与建筑结构牢固连接，不可晃动。

9.6.1 设计搭配

（1）整体浴房完全封闭，款式较少，空间小，但更安全，适合有老年人的家庭。

（2）整体浴房的造型设计可与卫浴间的风格相呼应，如简约风格用直线造型，欧式风格用曲线造型等。

9.6.2 施工须知

（1）整体浴房的预埋孔位应在卫生间未装修前就设计好。

（2）布线漏电保护开关装置等应该在整体浴房安装前就考虑好安装位置，以免返工。

（3）整体浴房必须使用膨胀螺栓，与非空心墙固定。

9.7 水龙头

常见分类

扳手式水龙头

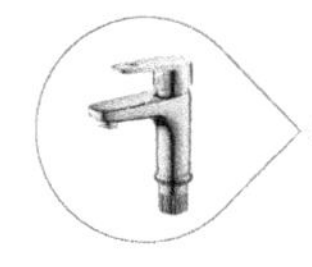

优点：出水快，关水也快
缺点：比较容易损坏

感应式水龙头

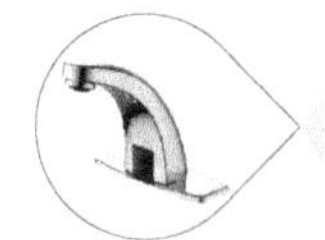

优点：智能节水，省电，方便卫生
缺点：价格高，需要定期更换电源系统

按压式水龙头

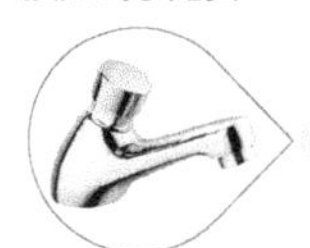

优点：节水，洗手时可以避免二次污染
缺点：可能出现漏水现象

入墙式水龙头

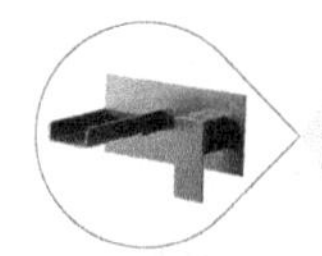

优点：出水口连接在墙内，简洁、利落
缺点：需要特别设计出水口

抽拉式水龙头

优点：可以将喷嘴部分抽拉出来到指定位置，水流可以随意移动
缺点：不拿起抽拉式水龙头时，不能旋转

挑选技巧

◎ 索要保证。购买时应向商家索取产品的规格数据、检测报告，留意当中的数据是否符合国家质检要求。另外如果水龙头的水流速度保持在约 8.3L/min，则达到最佳的节水效果。消费者可向导购员咨询产品的详细信息。

◎ 看阀芯。陶瓷阀芯价格低，对水质污染较小，但质地较脆，容易破裂；金属球阀芯可以准确控制水温，节约能源；轴滚式阀芯手柄转动流畅，手感舒适轻松，耐磨损。

设计搭配

华丽一些的卫浴间可选择古典造型金色系的款式，现代一些的卫浴间可选择简洁造型银色系的款式。

华丽造型的水龙头适合奢华风格的空间

简约造型的水龙头适合简约风格的空间

9.8 人造石台面

材料特点

优点：表面光滑细腻，可无缝拼接

缺点：防烫能力较弱

适用范围：厨房

适用风格：所有风格均可

挑选技巧

◎ 耐磨性。用尖锐的硬质塑料摩擦表面，如果有痕迹则说明硬度较差。

◎ 耐腐蚀性。将食醋滴在台面表面，24h 后观察是否有变化，如果有变化则质量较差。

9.8.1 设计搭配

（1）开放式厨房如果设置独立岛台，可以全部采用人造石打造，整齐划一的面色效果加上纹理细节，让厨房在简洁大气之中体现精致美感。

（2）除特别需求外，应尽量避免选择深色系的台面，否则划伤后会比较明显。

9.8.2 施工须知

（1）缝隙不要留在转角处，否则容易引起变形、开裂。

（2）柜体上方应安装不少于 1.6cm 厚的箱体板垫层。

9.9 石英石台面

材料特点

优点：硬度高，耐磨，不怕刮划

缺点：接缝处较明显，不易加工

适用范围：厨房

适用风格：所有风格均可

挑选技巧

◎ 看厚度。人造石英石比较容易折断，所以最好选择 15cm 加厚的石英石。

◎ 称重量。石英石的含量越多，质量也就越好。

◎ 测硬度。用小钢刀划石英石台面，如果不会留下划痕，则说明该石英石台面的质量较好。

9.9.1 设计搭配

（1）台面和橱柜板如果色差明显，则能够为厨房增添活泼气氛；反之，则会为厨房增添几分文雅氛围。

（2）台面的颜色若与墙面砖的颜色有几分呼应，就能让厨房看起来更具整体感。

9.9.2 施工须知

（1）所有转角处应保持半径 2.5cm 以上的圆弧角。

（2）台面开孔位置距台面边缘应大于或等于 8cm；台面与墙体之间应留有 3~5mm 的缝隙。

9.10 不锈钢台面

材料特点

优点：抗菌再生能力强

缺点：不太适用于管道多的厨房

适用范围：厨房

适用风格：现代风格、工业风格、简约风格

9.10.1 设计搭配

（1）不锈钢台面更适合搭配简约风格或现代风格的橱柜，搭配古典风格的实木橱柜就不是很协调。

（2）出于注重卫生性能考虑，可将不锈钢水槽与不锈钢台面焊接成一体。

（3）不锈钢台面表面有光面、拉丝和压纹三种。通常来说，压纹处理的冷冽感会弱一些。

不锈钢台面与简约风格橱柜的搭配

9.10.2 施工须知

（1）台面与垫板之间须用胶粘贴，胶的质量非常重要。

（2）垫板最好选择多层板，背面须做防潮处理。

9.11　美耐板台面

材料特点

优点：可选花色多　　适用范围：厨房

缺点：遇到转角设计时，无法避免缝隙　　适用风格：所有风格均可

9.11.1　设计搭配

（1）美耐板台面的色彩可比橱柜略深一些，这样比较具有活力感。

（2）美耐板花色很多，如木纹、金属、石材等，可根据厨房风格选择适合的纹理，但家居中更建议选择木纹的款式。

9.11.2　施工须知

（1）台面与墙面之间的连接应使用止水条。

（2）防护栏为其他材质的，下轨道需安装在地面上。

（3）当轨道安装在防护栏上时，应使用不锈钢螺栓安装，其间距应该控制在每 30cm 使用一颗。

9.12 橱柜

常见分类

复合实木橱柜
优点：绿色环保，低污染，使用寿命较长
缺点：需要精心养护

防潮板橱柜
优点：可在重度潮湿的环境中使用
缺点：板面较脆，对工艺要求高

细木工板橱柜
优点：易于锯裁，不易开裂，承重能力强
缺点：不合格板材含有甲醛等有害物

刨花板橱柜
优点：成本较低，幅面大，平整，易加工
缺点：普通产品容易吸潮、膨胀，只适合短期居住的场所

纤维板橱柜
优点：高档纤维板材质性能较优
缺点：中低档的纤维板无法支撑橱柜

挑选技巧

◎ 看做工。优质橱柜的封边细腻、光滑、手感好，封线平直光滑，接头精细。

◎ 查孔位。专业大厂的孔位定位基准相同，尺寸的精度有保证。手工小厂则使用排钻，甚至是手枪钻打孔。这样组合出的箱体尺寸误差较大，方体不规则，容易变形。

◎ 看滑轨。注意检查抽屉滑轨是否顺畅，是否有左右松动的状况，以及抽屉缝隙是否均匀。

9.12.1 设计技巧

（1）橱柜引领着厨房的风格走向，它的设计宜从家居风格的代表色和纹理入手。

（2）厨房使用的墙砖色彩较浅时，橱柜的色彩可适当与其产生色差对比，反之亦然。这样可强化视觉冲击力。

（3）雕花的实木橱柜宜选择配套油烟机，否则会显得过于突兀。

白色模压板柜门与花岗岩台面以及大理石墙面搭配，使厨房空间风格统一

9.12.2 施工须知

（1）安装前须对进墙部位、靠墙面和易受潮部位的木材刷防腐剂。

（2）台面与柜体要结合牢固，不能松动。

9.13 水槽

常见分类

不锈钢水槽

优点：耐高温，耐潮，耐腐蚀，易于清洁
缺点：易产生噪声

陶瓷珐琅水槽

优点：由铸铁涂上搪瓷漆制成，易于清洗，色彩较多且耐久
缺点：吸水率低，容易膨胀变形

人造结晶石水槽

优点：有很强的抗腐性，可塑性强且色彩多样
缺点：锋利刀具容易划伤表面

花岗岩混合水槽

优点：外观和质感坚硬光滑，高雅时尚
缺点：吸水后易滑

挑选技巧

◎ 注意材质。有的厂家做水槽以次充好，采用含镍少的 202、402、不锈铁。长时间使用后，此类水槽表面易被腐蚀，挂污率高且不易卫生清洁。

◎ 看深度。高档水槽的盆深为 18~24cm，一般水槽的深度都为 18cm 以下。

9.13.1 设计搭配

（1）若为开敞式厨房或比较注重厨房的美观性，则宜选择与墙面或台面色彩协调的款式。

（2）若厨房内的色彩整体都比较淡雅，水槽的色彩则不宜过于突出。

（3）当厨房内整体色彩对比较强烈时，例如以黑白组合为主，水槽可选择与台面反差较大的颜色。

9.13.2 施工须知

（1）水槽安装完毕后应做排水试验，若有渗水现象，应马上返工。

（2）排水试验后，将水槽与台面交界处的缝隙用硅胶密封。

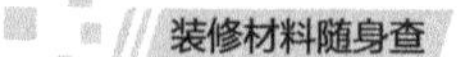

9.14 橱柜配件

常见分类

抽屉轨道	用于抽屉的开关
拉手	起到开合橱柜的承接作用，美观的拉手还有装饰橱柜的作用
拉篮	可使取用物品的过程更简单
钢具	易于清洁，拉开后餐具一目了然
踢脚线	隔绝底部灰尘，避免死角的产生；由于离地最近，因此防湿性很重要，否则可能使水汽侵蚀整个柜身

设计技巧

（1）装饰性橱柜的五金配件，如橱柜拉手等，要考虑和家具的色彩、质地相协调的问题。

（2）橱柜的拉手不宜使用实木把手，否则在潮湿的环境中，把手容易变形。

（3）实木橱柜可以选择仿古作旧的拉手，与木质风格相匹配。